U0178506

贝页
ENRICH YOUR LIFE

神奇生物的力量

大自然如何悄悄爱人类

[挪] 安妮·斯韦德鲁普-蒂格松 著

陈雅涵 译

På naturens skuldre

Hvordan ti millioner arter redder livet ditt

文匯出版社

我发现，作为一名自然学者，对我而言重要的事物都受到了威胁。我力之所及，唯有书写以志之[1]。

——雷切尔·卡逊（1907—1964），

科学家，“现代环境保护运动之母”

1 引文来自雷切尔·卡逊与其友人的书信集，解释了雷切尔写作《寂静的春天》一书的初衷。

蜜环菌可以作为寄生物在活树上生存，在树皮下形成长达一米的黑色丝线，看上去像是扁平的甘草“鞋带”。

当数百万只巴西犬吻蝠在黄昏时分离开洞穴时……

在南美的所有雨林中都遍布着巴西栗，它们可以生存数百年，以高达40米的身姿直指天空。

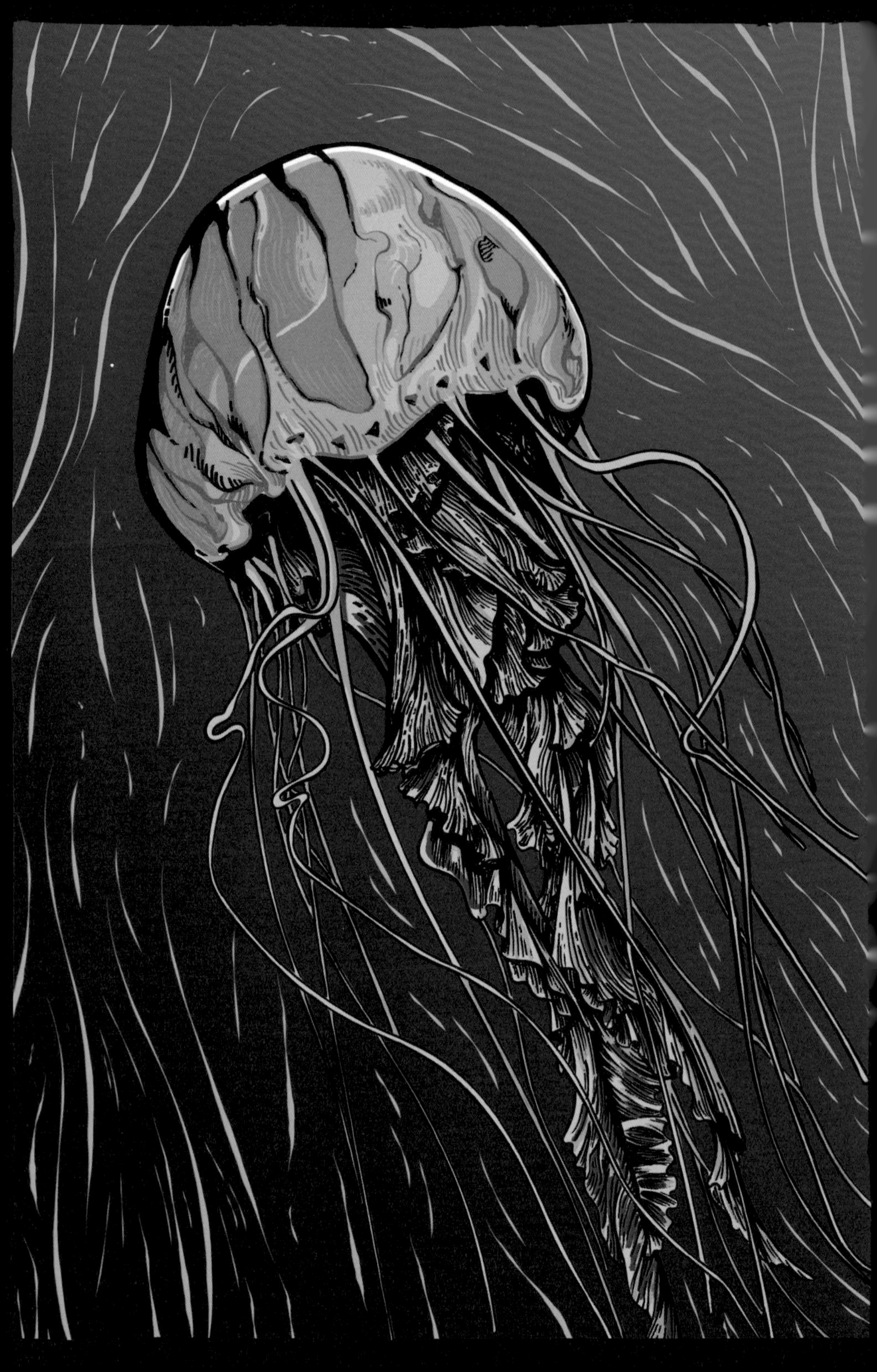

灯塔水母并不会以水母应有的方式长大、成熟、繁殖和死亡，而是可以跳回到水螅体阶段，重来一次又一次。

当雷击使高原上一整群湿漉漉的驯鹿心跳停止时，从长期和更广泛的空间维度来看，整个生态系统内部究竟会发生什么？

在美洲大地懒于大约1万年前灭绝的同时，鳄梨失去了它的“播种机”。

鲎用书鳃进行呼吸，氧气通过含铜的血液在其体内运输。这些铜化合物使得其血液具有特征性的淡蓝色。

深海中的鲸落就像荒芜沙漠中的豪华酒店自助餐，鲸成了一个奇特的、在某种程度上未知的物种多样性的热点。

目 录

CONTENTS

序

我小时候是那种对什么事情都感到好奇的孩子，总是喋喋不休地追问各种问题，想必有时候还显得少年老成，惹人讨厌。在上小学时，我有一本同学录，它有着 20 世纪 70 年代的典型风格：软皮封面是丑陋的亮绿色，上面还有一个大的花卉图案。当时，我学校里的好友们用毡头笔在同学录上题写了整洁的连笔字："玫瑰是红色的，紫罗兰是蓝色的，这是特别给你的"，以及"无论如何我在这个本子里是第一个留言的"。在这些常见的留言中间，我哥哥的占据了整整两页的篇幅。他给我写了一首诗，开头是："你总是一遍又一遍，不停追问，就像古戈尔普勒克斯[1]……"，后面还列出了一大串我曾经问他的问题。

1　古戈尔普勒克斯是googolplex的音译，指10的古戈尔（googol）次方。古戈尔指1后面跟100个零的数，即10^{100}；古戈尔普勒克斯即10的10^{100}次方。——译者注（若无特别说明，本书脚注均为译者注）

古戈尔普勒克斯不仅是一个极其巨大的数（1后面跟着10^{100}个零，比宇宙中原子的总数还要多），这个词本身也有其魔力，有点儿像咒语。我小时候就喜欢收集一些可爱的词语：有的词语读的时候，以一种奇妙的方式在我嘴里翻滚，比如onomatopoeic[1]；还有的从我的小舌发出，在舌面上一路弹跳到舌尖，比如trigonometric point[2]。我爷爷还教给我一些令人着迷的词，其中就有植物的拉丁名，比如款冬的拉丁名"*Tussilago farfara*"。夏天的时候，在古尔山（Golsfjellet）[3]的高处，爷爷把石英的晶体指给我看，那是挪威虎耳草（*Saxifraga oppositifolia*）[4]生长的地方。他还告诉我欧金鸻（*Pluvialis apricaria*）[5]如何歌唱。爷爷一直活到了102岁，直到现在的每个夏天，当我听到欧金鸻在高高的林线之上的哀鸣时都会想起他。每次我回到奥斯陆的老家，他会坐在角落里的扶手椅上，大声朗读上下两册的神话故事集里的故事：《乌特勒斯特的鸬鹚》（*The Cormorants of Utrøst*）[6]。随着

---

1 Onomatopoeic，意为"拟声词，象声词"。

2 Trigonometric point，意为"三角点"。

3 古尔山，位于挪威布斯克吕郡（现已与阿克什胡斯郡、东福尔郡及其他三个市镇合并为维肯郡）的山地。

4 挪威虎耳草，虎耳草科虎耳草属植物，生于高山石隙。（本书物种名后括注均为拉丁学名。——编者注）

5 欧金鸻，鸻形目鸻科鸟类。

6 《乌特勒斯特的鸬鹚》，挪威民间传说，乌特勒斯特（Utrøst）是传说中美丽而资源丰富的精灵之地。

我逐渐成长，我们谈话的范围也扩大了。他给我讲了洛基和槲寄生的故事[1]、伊阿宋和金羊毛的故事[2]、20 世纪 30 年代跨越大西洋的美国移民潮，还有两次世界大战，等等。

我家在森林里的湖中小岛上有个小木屋，我在那里度过了假期和数不清的周末。那座小木屋有两个房间，没有电也没有自来水，却正好亲近大自然。记忆里的夏天，这里有木墙在太阳照射下散发出的柏油香气、外屋贴着的绘有蘑菇的海报、渔网里捕到的竖起小小背鳍棘的鲈鱼、屋顶上长出的野草莓、砍木头的声音，还有好像永远也不会结束的漫长单调的越橘（*Vaccinium vitis-idaea*）[3] 采摘之旅。我以自己的方式读着那些写给男孩们看的冒险书籍，书的封面在船棚的潮气侵蚀下已轻微发霉。

小木屋离最近的居民区有一段距离，那真是一段很长的路。冬日的天空布满星星，闪闪发光，美得令人眷恋。十几岁的时候，有一次我用云杉的树枝在冰面上铺了一张床，从库棚里翻出几个战时用的睡袋，为我和我的朋友妮娜筹划了一次星空露营。四十年之后，我印象最深的不是那晚的银河，而是在睡袋底部我光脚碰到的奇怪的干裂物体——用手电筒照过去才发现，原来那

1　洛基和槲寄生，北欧神话故事。

2　伊阿宋和金羊毛，希腊神话故事。

3　越橘，杜鹃花科越橘属常绿矮小灌木，生于高山沼地、石南灌丛、针叶林、亚高山牧场和北极地区的冻原，果实可食用。

是一个老鼠窝，里面满是已经风干的幼仔尸体。

人们有时候会问我为什么如此热衷于写一些公众不太关注的昆虫或是其他微不足道的小生物，[1] 以及我是不是那种小时候喜欢收集虫子的人。我不是。但我很幸运，能够在这样一个家庭中成长——长时间的户外活动对我来说是理所当然，也使我葆有对人类与自然、过去与现在之间的关系这一话题及相关故事的兴趣。我的家庭呵护了我的好奇心，而且一直试着回答我永不停歇的、关于万事万物如何协调运转的疑问。

好奇心和提出疑问的能力对于作为一名科学家的我来说也很重要。作为一名保护生物学的教授，我的研究方向侧重于生物多样性受到的威胁以及应采取的措施，我常常在想如何让人们欣赏我们周围的自然世界，这样我们就都会想要保护好它。这本书是我对给出答案的一个尝试：我想向你们展示神奇的大自然做到的一切，这样你们就能够了解我们与大自然的利益攸关之处。我还想指出我们与大自然之间的关系所面临的不可兼顾的局面：我们从大自然中获益，但我们在剥削和利用大自然的时候会冒着破坏我们自身生存基础的风险。

---

1 本书作者著有《昆虫星球》（*Insektenes planet*）《昆虫的秘密》（*Insektenes hemmeligheter*）《树懒和蝴蝶》（*Dovendyret og sommerfuglen*）等书。

引　子

无角的犀牛

几年前，我在都柏林参加了一个学术会议。在各种关于授粉、疟蚊（*Anopheles*）[1] 的学术演讲的间隙，我抽空去参观了这座城市的自然历史博物馆——爱尔兰国家博物馆。我喜欢逛博物馆，而这一所尤其令人感兴趣：这里有装着达尔文本人采集的昆虫的标本盒；一座巨大的马鹿（*Cervus elaphus*）[2] 的骨架（它的鹿角间的宽度甚至超过了我的身高），就像是这种已经灭绝的动物令人哀伤的纪念碑；这里还有一场展览，展出了几百种海洋

1　疟蚊属中有多种生物是疟原虫的宿主，会传播疟疾给人类。

2　马鹿，大型鹿科动物，因体形似骏马而得名。夏毛较短，一般为赤褐色，故又称“赤鹿”。

无脊椎动物的玻璃模型，精美绝伦得令人惊叹——这些模型出自19世纪德国玻璃艺术家布莱斯契卡父子[1]之手。

这些玻璃模型是出于教学目的而制作的，因为这些生物难以用其他方式展出——泡在福尔马林中的海葵和柔软的珊瑚虫最后都会成为罐子底部不成形的无色块状物。数千件这类精美的艺术品被出售到全世界的博物馆、大学和学院，我们得以一见的这些留存至今的模型令人印象深刻。

但真正让我感到脊背一阵颤栗的是一头满是填充物、没有角的犀牛。在原本应该长角的地方，深色的皮肤上只有两个大洞，我可以一眼望见里面粗糙的、淡黄色的棉质帆布。在这头残缺不全的动物旁边有一块标牌，上面文字的大意是，博物馆为这头犀牛的外观表示抱歉，并解释称这两个角是因为有被盗的风险而被摘除的。这是因为有一种观念认为，研磨成粉的犀牛角具有药物的功效。这种观念是完全错误的，但仍然在全世界流行，完全不顾事实上犀牛角的成分就是角蛋白，和构成你的指甲的成分是一样的。犀牛角在世界各地都被非法交易，涉足这个非法市场的人完全是肆无忌惮：偷猎、抢劫博物馆展览、大规模走私都是司空

1 布莱斯契卡父子，指利奥波德·布莱斯契卡（Leopold Blaschka）和鲁道夫·布莱斯契卡（Rudolph Blaschka）父子，他们是著名的玻璃艺术家，制作的动物和植物玻璃艺术品足以以假乱真。哈佛大学植物博物馆藏有他们历时五十余年共完成的四千多件标本，其作品被誉为“科学中的艺术奇迹，艺术中的科学奇迹”。

见惯的行为。而买卖双方似乎都并不在意商品来自一种正从地球表面上消失的物种——它最终会永远消失。

也许这个例子只是一种极端的形式，说明了人们对自然和物种多样性的基本态度。我相信许多人常常下意识地抱有这种态度：某种程度上，他们将自然视为一种遥远的、坚不可摧的资源库，一个与我们人类分隔的地方（我们自有着舒适的日常生活），一个我们可以从中获取无限资源的服务中心，并且我们希望在任何需要的时候它都可以提供不受限制的服务，而我们几乎不用担心会存在什么问题。

事实并非如此。你和我都被编织进了大自然的经纬之中，我们与大自然的关系比你想象的更加紧密。大自然拥有无数微小的、几乎看不见的生物，它们在支撑、维系着我们的生活，即使在我们现代的、日益增长的城市生存环境中也是如此。而且地球上仍然有大量的物种，迄今为止，我们已经命名了其中大约 150 万种（包括微生物），但我们知道还有更多物种未被命名，估计总共接近 1000 万种，而我们人类只是其中之一。

地球上的大多数物种远不像犀牛这么大，而你之所以从未见过某些物种，是因为它们很小，又在远离人类的隐匿环境中生存，有的深埋在闷热而潮湿的土壤中，有的隐藏在腐烂枯木的纤维中，有的漂浮在海洋的盐水中。然而，你之所以存活于世，这些具有多样性的无名生物功不可没。远自第一个人类直立行走以来，它们就一直在履行职责，而我们一直认为它们的贡献是理所当然的。

在大自然的肩膀上：生态系统服务

近年来，科学家们开始使用专门的概念来揭示自然及其丰富的生物多样性是如何为我们的福祉做出贡献的。这一概念有多种名称：生态系统服务、自然商品及服务，或NCP（Nature's Contribution to People，自然对人类的贡献）。无论你使用哪种术语，其概念都是相同的，它是指自然界对人类的生存和福祉做出的直接和间接贡献，包含了大自然提供的所有收益。

就像这一概念有不同的术语表达一样，将自然所带来的收益归类的方式也有几种。一种常用的方法是将大自然提供的收益分为供给服务（provisioning services）、调节服务（regulating services）和文化服务（cultural services）——请注意，如果我们选择以这种方式谈论自然，从为人类带来惠益的角度来看，自然也存在危害（disservices），例如花粉的传播对过敏人群来说是一种麻烦。

为了以一种更容易理解的方式描述这些类别，让我们这样来解释：从供给服务的角度，我们将自然看作老式的乡村商店和药房，在这里我们可以买到所需的各种产品，包括饮料（如干净的水）、食物、纤维制品、工业用燃料和活性成分，以及制作新药的原材料。

从调节服务的角度，我们将自然看作一个值得信赖的物业管理员，负责清理和回收利用，以确保水、土壤和冰雪都处于适当的位置，并使气温不会超出正常范围。其中一些功能对地球上的生命来说是如此基础，以至于我们可以将其视为生命结构中的核心部分，例如水和营养元素永不停歇的自然循环。

从文化服务的角度，我们将自然看作知识、美学、身份和经验的来源。我们可以通过研究沼泽或树木年轮中的自然档案来了解过去。我们可以从中汲取灵感，并发展出解决问题的新思路。对于许多人来说，自然也是一座大教堂，是灵感、反思精神和敬畏之心的起点，无论人们是否赋予其宗教意义。

苹果皮中的生命

从某种意义上说，地球上的生命和物种的多样性是强大的。毕竟，生命在这里已经存续了数十亿年。但是生物圈，即存在生命的地球表面的薄薄一层，并未穿透得特别深。想象一下相对于苹果而言苹果皮的厚度。实际上，苹果皮之于苹果，要比我们星球上的生命层之于地球要厚。地球上最深的地方——永恒的黑暗之地马里亚纳海沟（Mariana Trench），与大雪覆盖的珠穆朗玛峰之间的高度差不超过 20 千米。从金字塔和洞穴壁画到烤面包机和联合国大会，我们所有的文明都百分百地依赖给生命以生存空间的这一薄薄的地球表层。

如今，我们在马里亚纳海沟发现了塑料袋，珠穆朗玛峰的表面散落着成吨的垃圾。我们人类数量众多，消耗巨大，而且人口扩张得毫无顾忌。地球表面的四分之三已经被人类和人类的家畜填满并显著改变。如果我们此时此刻称量所有的哺乳动物，那么人类的家畜——牛、猪，以及各类家禽等——将占全体哺乳动物总重量的三分之二以上。仅我们人类就占了大约三分之一。这意味着从大象到鼩鼱[1]的各种大小的野生动物仅占所有现存哺乳动物总重量的 4%。

我站立许久，凝视着都柏林博物馆里那只没有角的、身体残缺不全的犀牛。我心中的愤怒和悲伤交织在一起，郁结难平。

在标牌的底部还有一句话："真正的犀牛角很快就会被塑料复制品代替。"但是，也许应该让这只犀牛保持原样，作为发人深省的象征，揭示我们面对事实的无能为力：我们无力利用我们

1　大象是目前陆地上最大的哺乳动物，鼩鼱是最小的哺乳动物。

的聪明才智，无力关心其他物种，即使是濒临灭绝的物种。这只无角的犀牛也是一种警示：我们如果希望保卫自身赖以生存的基础，就必须改变我们的生活方式。

人类只是地球上一千万种生物中的一种。但与此同时，我们拥有独一无二的交流互动的能力，这使得我们能够影响整个星球和其他每个物种。而且，人类还发展出了以长远的目光从逻辑层面和道德层面评估自身行为的能力，这种能力同样是独一无二的，而且赋予了人类重大的责任。现在是我们肩负起这一责任的时候了——因为自然是我们拥有的一切，一切的一切。

1

生命之源

众所周知，水是生命的基础，我们还没有发现哪种生物是不依赖于水而生存的。水对生命如此重要，部分原因在于水的多功能性。水很容易溶解其他物质，然后将它们运送到生物体的各个部位，这对确保蛋白质在生物体中正常行使功能至关重要。自然界中的水同时以三个相态存在（固态的冰，液态的水，气态的水蒸气）。此外，水在结冰时体积会膨胀，因此冰块最终会漂浮在湖泊和海洋的表面上，而不是像冰冷的敷布一样沉在水底。

你自己身体的三分之二就是由水构成的，而且每天必须补充数升水以确保身体正常运转。而且，你还可以用水进行冲洗和完成其他工作。总的来说，英国的人均用水量为每天 141 升，相当于每天消耗一浴缸的水。

地球表面约 71% 被水覆盖，饮用水却是一种稀缺的资源：地球上只有 3% 的水是淡水，而几乎所有淡水都贮存于南极的企鹅脚下；地球上仅有 1% 的水可以用作饮用水。

为了保证人类饮用水的安全，饮用水必须是清洁的，但事实上远远达不到标准。在全球范围内，有三分之一的人无法获得清洁、安全的饮用水。在永无休止的水循环中，水在自然中流淌、奔腾，潺潺作响、嘀嗒落下或无声渗透，每秒钟都在不断地被清洁和过滤。在自然界的水净化系统中，大量的物种发挥着作用，有细菌、真菌、植物，还有蚊子和贻贝等小生物，它们努力跟上污染、侵蚀、气候变化和其他变化的速度，在我们的水龙头或水井中产出清洁的水。但是当我们使这些自然系统衰退时，它们便无法继续维持原速。本章将讲述水的净化这一任务以及那些隐匿、无声工作的物种如何确保我们获得干净的饮用水。

纽约市：饮用水中的香槟

我去过纽约市几次，每次都会被纽约中央公园所吸引，这块绿洲处于一片完全人为塑造的景观之中。从欧洲到这里旅行的好处就是你会在黎明破晓时醒来，还有时间在开启一天的生活之前跑个步。

在此，我们并不是要谈论这片土地如何保留了它的自然面貌。这里的草坪都有开放时间，通知牌上说，草坪在黄昏后关闭，直到次日九点才重新开放。但是，尽管是凌晨时分，草坪是封闭的，外面柏油路面的慢跑道上还是不断地有跑步者经过。我想找到一条较软、人比较少的跑步路线，于是拐弯上了一条窄的行人道，来到被称为“漫步区”的区域——公园里人迹罕至的地方。在小路的交叉处，一个扎着马尾辫的年轻女孩正弯着腰对着饮水喷头喝水。我停下脚步等她喝完，因为我想尝尝这水。听闻纽约市以其出色的饮用水而闻名，是全美国最优质的饮用水供应地之一。纽约市是美国仅有的五个直接从自然界提取自来水而不通过自来水过滤厂的城市之一。

事实上，纽约市的饮用水系统是世界上最大的未经过滤的供水系统，每天向该市约 900 万居民提供约 4 万亿升水。城市是干渴的庞然大物，水被用于洗衣服、洗澡和饮用。这座城市及其所有的摩天大楼和柏油路、地下管道系统和高科技设备，就像大型集水区的集中的人造终端。这片集水区坐落在一片森林、山脉和一些农业用地中——总共比曼哈顿的面积大近一千倍。雨水和融化的雪水渗透到植被和土壤中，然后进入小溪，汇入河流，最终流入湖泊和水库。水流从那里又进入了隧道和渡槽系统（这一系统的部分历史可以追溯到 19 世纪初），最终到达城市，包括我在中央公园看到的饮水喷头。

20 世纪 90 年代，当纽约市的供水流域内的开发和农业集约化成为日益严重的影响水质的因素时，美国联邦政府通过了新的立法，对饮用水的净化提出了更严格的要求。一座用于纽约饮用水处理的设施，耗资将在40亿美元左右，涉及的年度运营预算约为2亿美元。这笔支出将导致这座城市的水费翻倍。但是，还有一种方案可供选择。

在新上任的纽约市环保局局长和纽约市供水和排污系统主任的推动下，纽约市与流域内的市政府和土地所有者展开了一次独特的合作。流域内的大片森林和湿地将不会被开发，已经被开发的农业地区也将采用环境友好的方法进行耕种。经过一系列的谈判和协商，纽约市制订了一些措施以补偿这一合作将带来的额外支出。纽约市还在流域内购买了大量的土地以保障水质，因为从降雨到厨房水龙头中的自来水，这一过程中森林和植被对水进行了过滤和净化。这些措施结合起来使水处理设施变得不再必要，因为自然过程和成群的“志愿者”（生态系统中的细菌、真菌、无脊椎动物和其他微小物种）免费完成了这项工作。同时，作为满足生物多样性的生存环境，以及供人们游憩与进行户外活动的资源，土地也被保护起来。即便这样，总支出也只占水处理设施成本的一小部分。

事实上，必须指出这种解决方案既不容易实现，也不是完全正面而有效的。一个问题是达成以上协议具有挑战性，而且需要不断跟进。此外，海狸和鹿等更大的动物种群也会带来问题，因为这些动物可能携带导致人类腹部不适和腹泻的微生物。尽管可以免除过滤，水仍然必须经过加氯和紫外线辐射的处理，但这些处理是否能阻止传染源，还是有争议的。因此，负责纽约市饮用水的机构在讨论是否需要控制这些动物种群的数量。所以，即便是这种依靠自然的解决方案，也需要人类的干预，对自然产生的结果进行调整，以适应我们的需求。

2017年，这一系统投入了测试。美国联邦法律严格要求所有供水都要经过过滤处理，纽约市不得不重申其过滤豁免。这里面存在大量的利害关系。目前，建造一座水处理设施的预估成本超过了100亿美元，除此之外还有高昂的运营费用。不过，这一次又是自然的解决方案胜出了：纽约市承诺将再投资10亿美元用于改善污水系统、增加土地购买规模以及支持流域内环境友好的耕种方法。作为交换，纽约市被准予继续让大自然做它一直以来所做的事情：清洁水源并使其足够纯净，可供我们人类饮用。

当我在中央公园的饮水喷头旁等待的时候，我一边慢跑一边思考着大自然所扮演的隐藏角色，即使在纽约这样一座大都市的中心地带也发挥着作用。扎马尾辫的女孩现在终于喝完了，我不知道她是否也像我一样正在对卡茨基尔山脉（Catskill Mountains）所属的流域浮想联翩。显然，这不太可能。她只是用美国人那令人振奋的方式跟我打招呼，解渴之后就继续跑步了。最后，终于轮到我品尝这著名的饮用水，纽约人喜欢叫它“饮用水中的香槟”。

淡水珍珠贻贝——水系统的“管理员”

在挪威，当生命受到威胁时，几乎没有人能从政府部门得到新的名字和身份以保障自身安全，更别提其他物种了。淡水珍珠贻贝[1]以前在挪威被叫作“河珍珠贻贝”，现在简称为“河贻贝”，它可能是唯一一个因为濒临灭绝被改名的物种。之前它之所以叫“河珍珠贻贝”，是因为有的贻贝含有珍珠。没错，您必须打开（并杀死）一千颗贻贝才能找到一颗珍珠，而一千颗珍珠中又只有一颗是高品质的，但这并不妨碍数百年来密集的珍珠捕捞活动在欧洲和北美的开展。

淡水珍珠贻贝是一种淡水软体动物，会让人联想到海生贻贝。这种淡水贻贝是棕色的，将身体半埋在河床的底部。如果说通过树木和土壤中的生物所进行的过滤是大自然净化工厂的陆地部分，那么这种贻贝就是其水中过滤系统的一部分。单个贻贝每24小时可以净化40~50升水，而覆盖着成千上万个贻贝的河床

1　淡水珍珠贻贝（*Margaritifera margaritifera*），一种濒临灭绝的淡水双壳贝类。

可以截获通过这些贻贝的所有类型的颗粒物和碎屑，这大大加快了水的净化过程。可悲的是，这个物种在挪威国内乃至全球都受到了威胁。我们估计地球上现存的淡水珍珠贻贝有三分之一来自挪威，挪威应对该物种受到的威胁负责。这些贻贝中有一些自美国宣布独立以来已经存活了 200 多年。

在中世纪，教会、欧洲皇室和俄国沙皇家族是最爱享用珍珠刺绣和珍珠饰品的。据说，欧洲修道院里一些神父的祭服是用 1 万多颗珍珠缝制而成的。而且，你如果见过《伊丽莎白一世女王的舰队肖像画》（*The Armada Portrait of Elizabeth I*）[1]，只要试着数一数伊丽莎白女王的礼服、发饰和配饰上的珍珠，就可以清楚地了解都铎王朝时期[2]极尽奢华的珍珠消费。这些珍珠似乎来自英格兰北部和苏格兰的河流，尽管女王显然也不得不使用在玻璃珠表面涂上鱼鳞胶质而制成的人造珍珠。

大约在英国舰队击溃西班牙无敌舰队 50 年之后，现挪威南部阿格德尔郡（Agder County）的执行官向丹麦-挪威国王克里斯蒂安四世（Christian IV，1588—1648 年在位）送来几颗珍珠，

1 《伊丽莎白一世的舰队肖像画》是以1588年西班牙无敌舰队惨败于英国舰队为背景的画作，画中女王身后两扇窗户内绘有海景，一面是西班牙无敌舰队遭遇暴风雨而覆灭的场景，一面是英国舰队驶过平静的海面的场景。画作中，伊丽莎白一世身上布满珍珠，几乎所有镶嵌珠宝的位置都绣上了珍珠。

2 都铎王朝时期被称为英国历史上君主专制制度发展的黄金时期，伊丽莎白一世是都铎王朝的第五位也是最后一位君主。

并询问购买珍珠的事宜。国王于1637年6月27日回复了一封信，使用了当时的官方用语文雅的措辞。如果你以现代方式理解当时的官样文章有困难，试试下面这段话："闻汝恭献之珠，汝属民一得便与外人，汝欲知朕意，朕愿，无论民何时得此珠，汝皆当直酬之，以免外人得其珠，其珠汝宜与朕。"简单地说就是："买下所有的珍珠给我。"

由于农民通常能在其他地方以更好的价格卖出珍珠，这纸命令成了摆设。无论如何，结果表明珍珠只是一种短期的收入来源：早在18世纪初，河流里就没有这类贻贝了，因此很长一段时间以来，捕捞贻贝都是无利可图的。不过有一件有趣的轶事：于1846年打造的挪威王储的八角皇冠，在特隆赫姆的大主教宫（Archbishop's Palace）展出时大放异彩，王冠每个尖角的顶端都有一颗挪威产的淡水贻贝珍珠。1847年，在瑞典-挪威国王奥斯卡（Oscar，1844—1859年在位）和王后约瑟芬（Josephine）于尼德罗斯大教堂（Nidaros Cathedral）举行的加冕典礼上，王储[1]原本打算戴上这顶王冠。但是，由于约瑟芬是天主教徒，主教拒绝为她加冕，典礼被取消。因此，那八颗贻贝珍珠彻底失去了为皇太子庄严的加冕服装增添点睛之笔的机会。

如今，捕捞珍珠不再是威胁贻贝生存的问题，那已经是过去

1　王储，此处指卡尔王储，即后来的挪威国王卡尔四世。

时了。淡水珍珠贻贝的存活时间可长达300年之久。这意味着挪威最古老的珍珠贻贝诞生于18世纪初期，距离当时写下文雅回信的克里斯蒂安四世统治这片土地的时代并不遥远。当这些贻贝成熟时，它们可以应对多种恶劣的环境。但是，要“添丁进口”则困难得多，因为淡水珍珠贻贝的幼年时代很特殊，他们遇到的第一个障碍就是进入“幼儿园”。他们的“幼儿园”位于路过的鲑鱼或鳟鱼的下颚。贻贝幼体的生死存亡取决于它能否附着在鲑鱼或鳟鱼的鳃上度过一年好时光，并在此后释放其附着力，深深钻入河底淤泥之中，在那里待上数年之久。

如今，贻贝生命的早期生存率正在逐渐降低。种田、伐木和其他土地使用所造成的污染和水土流失标志着河流中的泥沙过多或营养物质过剩，这会导致氧气过少，使藏于河床中的贻贝幼体窒息而死。作为寄主的鱼类的数量下降也意味着贻贝的“幼儿园”的数量减少了。沿河的树木砍伐导致气温升高和河中淤泥含量增加。水系统的调节和气候变化正在改变水位和气温。简而言之，贻贝这位水系统的管理员面临着多重挑战——在生长着淡水珍珠贻贝的挪威河流中，有三分之一几乎找不到任何小贻贝，而在剩下的大多数河域里，新生的贻贝也很稀少。

幸运的是希望仍在。挪威西部的霍达兰（Hordaland）已经为小贻贝建立了“寄养之家”，它们生活在一个设施齐全的住所内，那里有洁净的水，温度适宜，小贻贝可以一直住到它们长大，直到足以自己照顾自己，然后回到它们来时的河流。这一项目已经取得了成功。也许，对淡水珍珠贻贝担任清洁我们水道的管理员的未来，我们依然可以抱有期待。

投毒者和净化苔藓

在整个人类历史上，砷一直是投毒者最爱使用的毒药。一个鲜为人知的事实是，砷会污染饮用水，而一小团苔藓就可以净化这种危害健康的水，一个小时之内就使其达到足以饮用的纯度。

饮用水受到砷的污染在世界各地都是一个健康问题，特别是在东南亚的部分地区。20 世纪 60 年代和 70 年代，联合国儿童基金会（UNICEF）投入了大量资金在乡村挖掘水井，以确保居民获得洁净的引用水。尽管其意图是好的，事情却走向了糟糕的反面。由于砷是无色无味的，没有人意识到砷正在从岩石中渗漏出来并使水变得有毒。只有在数百万人显示出明显的砷中毒迹象，并且癌症和其他疾病的发病率也高于平均水平之后，这种联系才被确认。目前，全球有超过 1 亿人（也许多达 2 亿人）所接触的水中含有砷物质，而且其含量超过了世界卫生组织（WHO）设定的阈值。

在瑞典北部的谢莱夫特奥（Skellefteå），采矿作业使得富含砷的矿物质暴露，并使砷渗漏到地表水和饮用水中。这里是矿产资源最丰富的地区之一，而且易于开采，瑞典人在这里开采金、铜、银和锌已有近100年的历史。一位植物学家在这里进行野外研究的过程中，发现一种纤弱的绿色苔藓似乎能在富含砷的水中茁壮生长。这是一种名为浮生范氏藓（*Warnstorfia fluitans*）的镰刀藓[1]，长长的茎在受污染的湿地水面上漂浮摆动时，有点儿像绿色的肠子。植物学家从带回实验室的标本中发现，这种来自拉普兰德（Lapland）[2]的浮生镰刀藓在吸收砷这方面还真有一手。以各种形态存在的砷被吸收并富集在苔藓中，降低了水的砷含量，使其达到安全饮用的标准。水中的砷浓度较低时，苔藓只用一个小时就可以去除80%的砷，将水净化到可以饮用的程度。砷的浓度越高，苔藓吸收所花的时间就越长，但是净化效果同样可观。

要是我已故的太祖的兄弟，一位哈尔登（Halden）[3]的批发商人尼尔斯·安克·斯唐知道这些该有多好。他和他的妻子都是被砷毒杀的，一个名叫索菲·约翰内斯多特的女仆将砷掺入咖啡和

---

1 镰刀藓，因叶片呈镰刀形弯曲而得名，包括柳叶藓科的镰刀藓属（*Drepanocladus*）、浮生范氏藓属（*Warnstorfia*）等。

2 拉普兰德包括挪威、瑞典、芬兰和俄罗斯在北极圈内的地区，属于极地气候。

3 哈尔登，挪威东南部城市，近瑞典边境。

大麦汤中，端给了他们。她的杀人动机还不清楚。据说索菲和女主人起了争执，便先夺去了她的生命。两年后，我的这位远亲发现女仆从房子里盗窃财物，然后他也被投毒了。

直到斯唐一家的房屋被烧毁几个月后，谋杀案才被揭露，这时真相才暴露，即索菲就是纵火的人。她不仅承认了纵火行为，对谋杀罪行也供认不讳。在坟墓里的尸骨中发现了砷，铁证如山，索菲·约翰内斯多特被判处死刑，并于1876年2月18日（星期六）上午9：30在哈尔登被斩首。她是挪威最后一名被处决的妇女。当地报纸用哥特字体对此进行了报道，读来令人毛骨悚然。尽管处决的时间保密，现场还是出现了成千上万的围观者。在天主经第五遍被诵念时，斧头当空挥下，“原谅我们的罪过”，随后，“刽子手将头放在身体旁边，神父完成了对天主经的吟诵”。索菲·约翰内斯多特被埋葬在一个没有标记的坟墓中，在哈尔登城市公墓的一角。

回到饮用水和清除砷的苔藓的话题。我们知道只有少数几种植物能够耐受和吸收大剂量的砷，而这种镰刀藓是其中唯一能在水中生长的物种。由于水中的砷污染是一个公共卫生问题，因此这项有关清除砷的镰刀藓的研究很令人感兴趣，且显然富有意义。在我们有能力建立浮生范氏藓的净化湿地之前，还有许多问题需要研究。而且这种特殊的苔藓在亚洲几乎不可能被利用：拉普兰德和孟加拉国[1]的气候并不完全相同。

即便如此，这种镰刀藓的作用也是植物修复技术的一个很好的例子。在这项技术中，植物通过吸收、储存或分解各种有害物质来净化被污染的水、土壤或空气。与机械或化学方法相比，因此制宜地用植物来净化环境，也许是一种对环境友好且成本低廉的替代方案。在欧洲和美国，植物修复技术已在实地作业中接受了测试，用于在石油钻探、采矿和许多其他类型的污染活动后进行净化。

1　孟加拉国，南亚国家，大部分地区属亚热带季风气候。

2

大型杂货店

哈呜！我是食物！我是食物！我吃食物！

——《奥义书》（*The Upanishads*, Ca. 600 BCE）[1]

在美国西北部的俄勒冈州，一种微小的生物获得了极大的荣誉。2013年，一种直径只有大约5微米（大概是一根头发丝的十分之一那么粗）的真菌——酿酒酵母（*Saccharomyces cerevisiae*）[2]，以令人瞩目的领先优势，被隆重地正式指定为州立官方微生物（Official State Microbe）。就我所知，还没有其他哪

1 《奥义书》，印度上古时代重要的宗教和哲学著作，引文出自《泰帝利耶奥义书》中的“第三婆利古章”，译文出自商务印书馆于2010年出版的《奥义书》，译者为黄宝生。

2 酿酒酵母，又称面包酵母、啤酒酵母或者出芽酵母。酿酒酵母是与人类关系最广泛的一种酵母，用于制作面包、馒头等食品，也可用于酿酒。

一种微生物可以分享这一殊荣。[1]而酿酒酵母得此殊荣的重要原因是它在俄勒冈州的啤酒酿造传统中的关键地位。不仅是啤酒，在葡萄酒、米酒、全麦面包、披萨饼胚，还有咖喱面包诱人的香味中都有这种微生物的身影。

其他一些我们在饮食中更为熟知的生物则是肉眼可见的：谷物米饭、水果蔬菜、肉类鱼类，还有海鲜。无论你选择从森林里采摘浆果，还是从超市水果蔬菜区琳琅满目的货架上选购食物，这些食物最初的源头都是大自然。然而，虽然我们希望这些大自然的产物继续以随时能满足人类需求的质量和数量存在，大自然却似乎力不从心——尤其是考虑到人类对"大自然超市"的肆意践踏，而毫不在意身后留下的大量凌乱的脚印时。

酿造之物——胡蜂和葡萄酒

除了水以外，你可能时不时会喝点什么，比如葡萄酒。但在你举起酒杯畅饮之前，有许多生物起到了作用。种满葡萄的

1 在俄勒冈州2013年选出酿酒酵母作为州立官方微生物之后，也有其他的微生物获得了同等的殊荣：2019年，新泽西州将灰色链霉菌（*Streptomyces griseus*，可产生链霉素）选为官方微生物；2020年，伊利诺伊州将产红青霉（*Penicillium rubens*，可产生青霉素）选为官方微生物。

葡萄园必不可少，酿酒酵母也很关键，尽管你从来不会在葡萄酒瓶标签上的酒庄名称和制造年份之间见到它。最奇怪的是，近来的研究表明，胡蜂[1]也在制作一瓶好酒的过程中占据了一席之地。

制作发酵饮品需要各种各样的酿酒酵母，在此过程中酵母将糖和淀粉转化为二氧化碳和酒精。过去将近一万年以来，世界各地都制作了各自的发酵饮料。这其中的原因当然有很多。酒精可能具有消毒、镇痛、防腐的功能，它对人的性格的影响更不必赘述。最早的关于造酒的记录来自大约 9000 年前的中国。[2] 现在，全世界每年葡萄酒的产量大约有 300 亿升，相当于 1.2 万个奥林匹克游泳池的总容量。

在成熟的葡萄中发现了酿酒酵母，但未成熟的葡萄中却没有它的身影，那它是从哪儿来的呢？而在自然界中酿酒酵母被发现的其他地方，如橡树树皮中，它只出现于温暖的夏季。在一年里余下的时间里，它在哪儿？它又是如何找到途径进入成熟的葡萄中的呢？

答案是群居的胡蜂。就像挪威诗人英厄·哈格鲁普（Inger

---

1 胡蜂，原文“wasps”是“Vespoidea”（胡蜂总科）的俗称，也可以译为马蜂、黄蜂。

2 中国考古学家在对河南贾湖遗址的考古发掘中，从一些陶器的残留物里发现了目前世界上最早的酿酒的证据，将中国造酒历史向前追溯到了距今9000年。

Hagerup）所写的那样，“身着条纹泳衣，热烈勇敢坚毅”的胡蜂满腹酵母，酿造好酒。新近的研究表明，酿酒酵母全年都生活在胡蜂的胃里，在欧洲胡蜂（*Vespa crabro*）[1] 和纸巢胡蜂 [2] 最为常见的属中都有发现，这些胡蜂都是我们非常讨厌的黄黑相间的害虫的近亲。这些群居的胡蜂为酿酒酵母提供了住宿和出行服务：当外界的天气条件不再适于生存时，胡蜂的内脏为酿酒酵母提供了安全、舒适的避难所。酵母还能从胡蜂的母代传到子代，因为胡蜂成虫会将它们吃下的食物反哺给幼虫，这使得酿酒酵母能在代际间传播。不仅如此，一些胡蜂——更确切地说是刚交配的蜂后——会冬眠。冬眠之后的次年夏季，蜂后和她的女儿们在吸食甘甜的葡萄汁时，也将酿酒酵母空运到了葡萄上。

不同种类的胡蜂输送不同品种的酿酒酵母，造就了不同葡萄酒独一无二的品质。胡蜂的腹部不仅是一个黑暗角落，令酿酒酵母能紧紧附着于此，待在那儿等着被运送到你附近的葡萄酒生产商种植的葡萄上。并非如此简单，事实上，一切美梦都在这儿发生——对于酵母来说，几乎就像进了夜店一样：在胡蜂闷热又昏暗的腹部，各个品种的酿酒酵母用它们自己的方式在这里混合，

1 欧洲胡蜂，是黄边胡蜂的别名，又名欧洲黄蜂。

2 纸巢胡蜂，是一类构筑纸质蜂巢的胡蜂，一般指长脚蜂亚科（Polistinae）的胡蜂，以长脚胡蜂属（*Polistes*）最为常见，也是胡蜂亚科（Vespinae）和狭腹胡蜂亚科（Stenogastrinae）一些种的俗称。

结果产生了新的变种，而每一个变种都用它独特的方式为你手中的葡萄酒增进了风味。

所以下次你要端起最爱的葡萄酒小饮一口时，为昆虫体内这些小小的生命举杯吧。

如果“人如其食”[1]，你就是株行走的草

草

我生长在其他植物

不能生长的地方，

水既少，

风且狂。

饮雨露，

1 人如其食（You Are What You Eat）是一句西方谚语，意为饮食可以反映一个人的性格和生活环境，这句话来源于法国政治家、美食家让·安泰尔姆·布里亚-萨瓦兰（Jean Anthelme Brillat-Savarin，1755—1826）所著的《厨房里的哲学家》（*Physiologie du goût*）。这本被后世称为“饮食圣经”的书中提到：“告诉我你吃什么，我就能知道你是什么样的人。”译文出自译林出版社2017年出版的《厨房里的哲学家》，敦一夫、付丽娜译。

餐阳光；

原野上的疾风追不上
我的生长。

我播种、发芽，
我长高、蔓延，

我在冰天雪地里，
酣眠。

在西伯利亚、南非或者潘帕斯
不生树木的荒原上，

在宏伟壮丽、浩瀚的蓝天之下，

我用叶片编织
简陋的河床。

凡泥土所在之地，我的生命
就不息流淌。

——乔伊斯·西德曼（Joyce Sidman）[1]，
摘自《无所不在：赞美自然的幸存者》
（'Ubiquitous: Celebrating Nature's Surviors', 2010）

你以为只有牛才吃草吗？再想想吧。我们人类消耗的卡路里中大约有一半来自禾草类植物。

我们吃的东西绝大部分属于植物界，这不足为奇，植物确实是其他所有生命的基础。人类不能基于无生命的化学物质（例如二氧化碳和水）合成我们吃的食物，而植物可以。这就是光合作用的魔力：植物"吞食"阳光、二氧化碳和水，变戏法一样将它们合成为有机分子——活的植物生物量。这一成就是非常重大的。每年地球上的初级生产者（确切来说，植物、真菌和某些细菌）从大气中吸收上千亿吨的碳，和其他元素一起构筑万物，从小麦的茎秆到极其高大的巨杉（*Sequoiadendron giganteum*）[2]树。

包括人类在内，地球上所有其他的生物则直接或间接地，百分百地依赖于植物的工作以获取能量和材料来构建躯体（除

---

1 乔伊斯·西德曼，美国当代诗人、童书作家，作品获纽伯瑞奖、凯迪克奖等多个儿童文学、绘本奖项。她的作品将科学与诗歌结合，并配以版画家、博物学家贝基·普兰奇的插画，用诗意的方式向孩子们介绍科学知识。译文出自贵州人民出版社2019年出版的《生命的欢歌：和我们一起出发》，常立、马俊江译。

2 巨杉，杉科巨杉属植物。

了一些奇特的依赖化学能的深海生物群落以外）。当然，植物还会产生一种极为重要的气体，也就是光合作用的废弃物——氧气。

地球上至少有 5 万种可以食用的植物，但是在整个人类历史上，人类只培育过其中大约 7000 种作为食物来源。如今，这一数量则少得多了，只有 100~200 种，而且少数几种植物正变得越来越占据主导。我们从植物界获取的卡路里的大约 60% 都来自水稻、玉米、小麦。一个令人不快的结果就是我们的食源植物的野生近缘种正在衰退。这些植物中有五分之一正濒临灭绝，而我们可以用它们的遗传物质来培育更为强健的作物。不幸的是，尽管得益于人工化肥和化学杀虫剂的使用，农作物的产量自 1970 年以来得以增加，但大自然对食品生产的支持能力却减弱了。这是因为同一时期以来，像授粉作用、生物害虫和杂草的防治等生态系统服务功能也同时减弱了，这一研究结果来自 IPBES[1]。

牛啃食的是草的茎和叶，我们吃的则是草的后代——种子。稻谷、玉米和各种各样的谷物其实就是草的种子。这些种子含有大量的碳水化合物，以淀粉的形式储存起来，作为将来要萌发出

1　IPBES，是联合国生物多样性和生态系统服务政府间科学与政策平台的英文简称，它有时也被称为IPCC（联合国政府间气候变化专门委员会）的“姐妹机构”，是一个独立的非政府组织，致力于环境领域内全球科学知识的沟通和联系。

的微小新芽的自备午餐，而我们人类恰恰擅长消化这些淀粉。但是对于组成植物体的大部分而且可以用来造纸的成分——纤维素，我们则无能为力。人类并不擅长分解这些纤维素。

有时候，我可能会太忙或者太醉心于工作以致完全忘记了吃饭。在奥斯陆时有一天就是这样，排得满满的会议充斥着关于如何评估挪威自然状况的紧张讨论，我都抽不出时间去吃一口自带的在家里做好的午餐。那是一份美味的三明治芝士卷，直到下班后在去赶电车的半路上我才拿出来。我的思绪还没有拉回来，脑子里仍然充满了蓝莓的覆盖度、环境状况和森林里的枯木。吃到最后一口的时候我才发现，我狼吞虎咽吃下去的不仅是食物，还有三明治中间将上下两层进行分隔的包装纸。好吧，淀粉和纤维素的天作之合。

问题是对于人类来说，如果不巧吃下了纤维素，我们缺乏相应的生物媒介——酶——来裂解强力的化学键，将其分解成可以吸收的营养物质。事实上，还没有脊椎动物有能力消化纤维素。牛也不能，至少在没有帮助的情况下不能。但牛的胃里面居住着大约 3 公斤的细菌、真菌和单细胞生物，其中一些可以分解并释放出青草和干草中的营养物质（至于它们是否也能处理三明治包装纸，我们无从得知）。人类也有丰富的肠道菌群，但我们的身体系统对分解纤维素无能为力。

也许你现在会问，为什么我们除了种子也能吃一些植物的其他部分，像菠菜、生菜、土豆等根茎类蔬菜，还有各种水果呢？这是因为它们的纤维素含量相对较低，而且有更易于吸收的营养物质，例如淀粉。在第 3 章关于授粉的部分我还会讨论各种水果和浆果，这些植物类的食物为我们提供了重要的维生素和矿物质。关于草，我们已经讨论了很多，眼下，让我们先来认清下面的事实吧：你知道在美国最耗水的“作物”就是草坪草吗？——尽管这些草看起来毫无意义。美国的草坪和高尔夫球场约占国土面积的 1.9%，而这些草地的需水量超过了美国农民在玉米、水稻、水果和坚果上消耗的水量总和。

大灭绝——消失的巨型动物

如前文所述，地球上的每一个人都是从植物王国中获取自身所需的大部分能量的：人类 80% 以上的卡路里摄入量来自各种谷物和农产品。其余的卡路里则来自动物界：大约十分之一来自肉，包括动物脂肪和内脏，余下的来自鸡蛋、牛奶和海鲜。我们吃的肉也来自大自然，尽管现在严格来说不再如此——如今世界上许多肉类生产看起来更像工业过程而非自然过程。

但是，让我们回到过去。如果你看一眼历史的后视镜，就会发现我们的星球曾经在长达数百万年的时间里是大型动物的家园，直到无肉不欢的人类闯了进来。

想一想“骆驼”（camel）这个词。你脑海中出现了什么画面？是蜿蜒穿过撒哈拉沙漠的商旅，还是在戈壁沙漠的贫瘠土地上的反刍动物？但是，你知道骆驼起源于北美吗？直到大约1.2万年前，最后一个冰河时代结束时，西方拟驼（*Camelops hesternus*，也称“昨日骆驼”）还在洛杉矶和旧金山如今所在的区域漫步徘徊。在昨日骆驼于北美灭绝的大约同一时间，骆驼通过白令海峡来到了亚洲。

再想想大象。如果追溯到几十万年前，除了澳洲和南极洲以外，世界各地都生活着有长鼻子的动物——长鼻目动物（proboscideans）包括古菱齿象（*Palaeoloxodon antique*）、乳齿象（*Mammut*）、猛犸象（*Mammuthus*）[1]。在地中海的假日岛屿上，生活着高度大约一米的矮象[2]，它们和设得兰矮种马[3]的大小差不多。美洲大陆上1.4万年前的哺乳动物区系比如今非洲的还具多样性。后来人类的规模就开始扩张了，他们在一个被庞然大兽包围的世界中，用后肢站立起来，紧紧地抓住了手中的长矛。

---

1 古菱齿象、乳齿象和猛犸象都是已经灭绝的大型长鼻类哺乳动物。古菱齿象生活在更新世晚期；乳齿象化石分布很广，化石所属时期从中新世一直到更新世；猛犸象曾广泛生活在欧亚大陆北部，灭绝时间距今不超过1万年。

2 指在地中海群岛发现的已经灭绝的象，如欧洲矮象、塞浦路斯侏儒象、马耳他矮象等。

3 设得兰矮种马，一个矮种马品种，起源于英国苏格兰设得兰群岛。

但是随后发生了一些事情，在相对较短的一段时期里，大概上万年前，有一半以上的大型动物都消失了。不复存在的有剑齿虎（*Smilodon*）[1]、美洲大地懒（*Megatherium americanum*）[2]、大角鹿（*Megaloceros giganteus*）[3]、美洲拟狮（*Panthera leo atrox*）[4]和欧洲的披毛犀（*Coelodonta antiquitatis*）[5]。究竟发生了什么？这些物种灭绝的原因引起了激烈的争论，但是毫无疑问，人类的狩猎行为是原因之一，也许还有气候变化的协同作用。

令人惊讶的是，在这些大陆上，大型动物的消失与人类的到来在时间上表现出了一致性。如果我们比较不同时间点上现存哺乳动物的平均大小，人类的影响将清晰可见。随着现代人类到达欧亚大陆，与他们共存的哺乳动物的平均大小减少了一半。在澳洲大陆，人类在 4 万到 6 万年前的某个时间到达这片岛屿大陆的海岸后，哺乳动物的平均大小下降到原来的十分之一。最戏剧化

---

1 剑齿虎，史前大型猫科动物。科学上狭义的剑齿虎概念仅指剑齿虎属的几个种，在更广义的概念下可以指所有剑齿猫科动物，其中以刃齿虎最为著名，其具有巨大的上犬齿，长达120毫米。剑齿虎动物从早中新世一直生存到更新世末。

2 美洲大地懒，直立时身高超过2米，大约在1.1万年前灭绝。

3 大角鹿，又名爱尔兰鹿、巨鹿，是爱尔兰最著名的古生物，其特征是体形庞大，鹿角宽度可达4米。该物种已经灭绝，其化石通常在欧亚大陆的更新世沉积物中被发现。

4 美洲拟狮，又名残暴狮（拉丁学名中的“*atrox*”意为残暴），其最显著的特征是巨大的体形，身高通常超过1.1米。美洲拟狮大约在1.1万年前灭绝。

5 披毛犀，体长约为3.5～4米，平均体重4.5吨，但最大的个体重量可达7吨，生存于更新世时期，灭绝年代至今只有1万年。

的是美洲大陆的情况：石器时代的人类手持长矛越过干涸的白令海峡时，那里曾存在的所有哺乳动物中有10%消失了。这里受影响最严重的物种也是最大的物种：所有体重超过600千克的动物都灭绝了，北美哺乳动物的平均体重从98千克下降到了8千克。

让我们总结一下这一几乎匪夷所思的现象：在10万年前的史前世界，至少有50种体重超过1吨的草食性哺乳动物，如今只剩下9种；在当时存在的15种大型捕食者（体重超过100千克）中，只有6种得以幸存。

这些变化对整个生态系统产生的深远影响，我们才刚刚开始了解——不仅使其他物种的大量灭绝导致这些灭绝物种留下的痕迹变得不再清晰，还造成了整个食物链和生态过程的重新洗牌。过去十多年间，有许多已经发表的科学文章讨论了这一议题，在此引用其中一篇里的一句话："直到最近，我们才开始意识到人类活动对地球的改变有多么巨大，以及持续的时间有多么长。"

也许最重要的是，这些巨型野兽甚至会对生态系统的物理结构（即外观）产生影响，无论是茂密的森林还是半开阔的热带稀树草原[1]景观。在非洲，我们仍然可以研究相对完整的大型动物区系的生态影响，由此我们得知，大型动物可以通过破坏、推倒

---

1 热带稀树草原，又称萨瓦纳大草原，是一种疏林与草原交错分布的生物群系，较为干旱，通常位于森林与沙漠或森林与草原之间的过渡地带。

大树或踩踏小树而将森林覆盖率降低 15%~95%。在南非克鲁格国家公园（Kruger National Park）进行的研究表明，非洲草原象（*Loxodonta africana*）[1] 每年可以推倒多达 1500 棵成熟的树木。如果大型动物群能够幸存下来，那么世界上的其他地方（如南美洲）也可能会有更多的稀树草原。

大型动物的灭绝也会引起其他各类物种的连锁反应，这些物种包括大型动物所食用的物种、生活在大型动物身上的寄生虫，也包括吃掉大型动物的粪便或腐肉或者利用它们传播其种子的物种。举一个易于理解的例子：当拉丁美洲的美洲大地懒在大约 1 万年前灭绝的同时（大地懒体形巨大，行动缓慢，很可能容易被捕猎。它的大小相当于一辆大众甲壳虫汽车，可以为很多人提供肉食），鳄梨（*Persea americana*）[2] 失去了它的"播种机"。鳄梨树生长在炎热潮湿的森林中，结出我们所熟知的果实，种子贮存在软软的浅绿色果肉中，被果皮包裹着。美洲大地懒有一张大嘴，足以将这种极好的、绿油油的水果一口吞下。果肉进入它们的消化系统，种子则被排出。在一堆富含营养的肥料中，种子已经做好了生长的准备。

尽管已经过去了 1 万年，鳄梨却似乎还没有意识到，帮助它

---

1 非洲草原象，是世界上现存最大的陆地动物。

2 鳄梨，樟科植物，果实即牛油果，营养丰富，含多种维生素、丰富的脂肪和蛋白质，钠、钾、镁、钙等元素的含量也很高。

传播种子的伙伴已经消失了。野生的鳄梨树仍然会结出大个儿的果实，在自然环境中，大量的鳄梨最终躺在母树下，互相争夺阳光、水份和营养，直到人类出现，接替了美洲大地懒作为鳄梨食用者的角色。早在西班牙人抵达之前[1]，阿兹特克人就已经食用鳄梨数个世纪了。实际上，鳄梨的名字（avocado）就来源于阿兹特克人的语言：他们称它为“*ahuacatl*”，意思是“睾丸”，显然是因为鳄梨成对生长，会让人联想到特定的身体部位。

下次你再吃墨西哥鳄梨酱时，请为其他所有因大型动物的灭绝而消失的美味水果和蔬菜掬一把泪，这些水果和蔬菜我们甚至无缘得见。如果它们幸免于难，鳄梨吐司在时尚咖啡馆的菜单上可能就不会扮演如此重要的角色了。

无肉不欢——过去和现在

我们不知道我们的祖先作为狩猎者的历史可以追溯到多远，但我们正在谈论的是长达数百万年的岁月。在这段时期的大部分时间里，人类都使用简单的方法捕杀猎物：将动物赶下悬崖或赶

1 指16世纪西班牙征服墨西哥南部的阿兹特克帝国。阿兹特克人（Aztecs）是北美洲的原住民。在北美洲南部墨西哥，印第安人中的这一支人数最多。

入陷阱，并使用诸如岩石或长矛之类的利器或重物杀死它们。尽管从技术上来说这些方法很简单，但是就像上面描述的一样，这些方法惊人地有效。使用这种简单方法的捕猎者需要详细了解被捕猎动物的行为和习性，通常还需要掌握关于大自然的知识。如今，这些知识正在逐渐失传。

在非洲南部，仍然可以找到一个对大自然有着深刻了解并利用相关知识成功捕猎的有趣例子。在卡拉哈里沙漠（Kalahari Desert）中，生活着桑人〔San people，也被称为科伊桑人（Khoisan）或布希曼人（Bushmen）〕[1]。这是一些部落的合称，这些部落使用的语言包含由吸气音构成的辅音。桑人中的某些部落仍然保留着古老的狩猎传统。他们利用弓箭狩猎，箭头抹上了昆虫的毒液。

利用弓箭狩猎出现在人类历史较晚的时期，显然与大约7万年前社会组织结构的显著变化相吻合。尽管难以证明，但科学家们认为，在史前时期使用尖端带毒的箭或长矛已经成为了一种重要的狩猎形式。毒素（*toxin*）一词源于希腊语中意为箭和（或）弓的 *toxon*。我们所熟悉的毒箭使用既来自原住民（例

---

1 经典喜剧电影《上帝也疯狂》（*The Gods Must Be Crazy*）的主演历苏就是一名桑人（布希曼人）。

如，在南美洲箭毒植物[1]被用作箭头上的毒药），也来自各种神话传说。奥德修斯（Odysseus）[2]用嚏根草（*Helleborus*）[3]的毒汁涂抹箭簇。在北欧神话中，善良的巴德尔（Baldr）[4]被有毒的槲寄生（*Viscum*）[5]制成的箭杀死了，尽管这种植物的毒性并不是这个故事的重点。事实是，当弗丽嘉让一切活着的和死去的事物承诺永远不会伤害她的好儿子时，槲寄生被遗忘了。

桑人不会使用嚏根草或槲寄生。他们找到了没药（*Commiphora*）[6]，一种生长缓慢的树种，其树脂具有甜美的香气。是的，就是你在耶稣降生的故事中所听说的没药[7]。他们在树的根部挖下深洞，那里生活着一种叶甲[8]的幼虫，每只幼虫都被包裹在其坚硬的茧中。这是一种用土和粪便自制的睡袋。桑人将茧收集

---

1 箭毒植物，一类含有毒生物碱的植物的统称，各地原住民使用的箭毒成分不尽相同，此处应指南美防己（*Chondrodendron tomentosum*）。

2 奥德修斯，古希腊神话人物，在荷马史诗《奥德赛》中，奥德修斯用毒物涂抹羽箭的铜镞，杀死其妻子的求婚者。

3 嚏根草，毛茛科铁筷子属植物，该属的很多种植物有毒。

4 巴德尔，北欧神话中的光明之神。他的父亲是神王奥丁（Odin），母亲是神后弗丽嘉（Frigg）。巴德尔做了一个关于“死亡”的恶梦，母亲弗丽嘉知道之后，跑遍世界各地，要求世界上的一切向她发誓永远不会伤害巴德尔，只有槲寄生因为幼小柔弱没有被要求立誓。后来邪恶之神洛基（Loki）唆使盲眼的黑暗之神霍德尔（Hoder）用槲寄生的尖枝杀死了巴德尔。

5 槲寄生，桑寄生科槲寄生属植物，分布于欧洲的为白果槲寄生（*Viscum album*）。

6 没药，橄榄科没药属植物。

7 耶稣诞生之时，东方三贤者为耶稣送上黄金、乳香和没药。

8 叶甲，叶甲科（Chrysomelidae）昆虫。

起来并打开，幼虫就像润唇膏一样被挤压出来，有毒的黏液慢慢渗出。他们把这种有毒的混合物用一根小棍子涂在箭头的尖端，然后就可以狩猎了。

我们在这里并不是要讨论小型猎物的狩猎，也不是要讨论用毒箭猎杀的从长颈鹿到大象的所有动物。毒药不会马上杀死猎物，但会影响其体内氧气的运输。毒药主要通过溶解红细胞起作用。由于红细胞是将氧气运送到全身的媒介，因此动物会因某种内窒息[1]而缓慢死亡。与此同时，桑族的猎人一路追踪他们的猎物，狩猎可能持续数小时，甚至数天。身体的耐力和韧性以及良好的追踪技巧都至关重要。

与其他类型的箭毒一样，这种毒液只有在通过血液进入体内后才能起作用。所以，吃掉被这种毒药杀死的动物并没有什么问题，尽管这很危险——如果毒液从伤口进入人体，也会对猎人产生相同的效果。

不同的部落有着不同的狩猎传统。一些部落使用其他种类的幼虫，另一些则使用某些有毒的植物来调配毒药。如今，在桑人居住的大多数地方，这些传统的狩猎方法都被禁止使用。结果便是，观察和学习这种文化（包括哪些动植物可以食用、哪些有毒等知识）的机会也正在流失。

1　内窒息，因血液中气体的运输或内呼吸障碍所引起的窒息。

正如我们所看到的，使用这种“原始的”狩猎方法的早期人类给我们留下了深刻的印象。然而，石器时代大型动物的灭绝仅仅是个开始。我们对食物的追求直线增长，与我们人口的增加和现代文明的发展同步——这个主题适合用另外一整本书来展开。我们在此只从大体上看看当今的粮食生产是如何影响大自然的。

全球人均肉类消费量为每年 44 公斤，相当于 4 只羊羔的羊羔肉的重量。这几乎是 20 世纪 60 年代（我出生的时代）的水平的两倍，而我们的肉类消费量将造成重大的影响。除了冰面或沙漠，地球上近一半的土地用于农业，但其中只有五分之一用于种植人类粮食作物，其余的则用于饲养家畜或生产饲料。

如今，我们摄入的几乎所有动物蛋白都来自家畜，我们用小牛黛西（Daisy the Cow）[1] 填补了小飞象（Dumbo）[2] 的野生大块头祖先留下的空白。今天所有家畜的重量加在一起，比石器时代之前野生的大型动物的估计总重量的 10 倍还要多。单论我们的家禽，其总重量就超过了世界上所有野禽总重量的 3 倍。除了生态挑战外，家畜规模的庞大还带来了一系列道德和动物福利问题。减少世界上部分肉类需求量最高地区的肉类消耗，是一种简单且环境友好的促进粮食可持续生产的方式。

1　小牛黛西，儿歌、绘本或动画中可爱的农场动物形象。

2　小飞象，动画电影《小飞象》中可爱的小象。

海洋——这个患病的世界最后的健康部分？

海洋覆盖了 70% 以上的地球表面，其平均深度约为 3 公里。尽管大海是如此辽阔，但人们很容易忽略它。海床总面积的 95% 人类都从未真切地见过，而对于离我们 2.62 亿公里、隔着冰冷真空的火星，我们却有更精确的表面地图。即便如此，没有人能否认海洋为我们提供了至关重要的自然产品和服务：海洋不仅提供了鱼类和海鲜，还包括盐和用来卷寿司的海苔；海洋为生态系统服务提供支持，例如营养物质的循环、气候调节以及水循环，更不用说氧气的生产了——至少，每一次呼吸都要感谢海洋中的绿色浮游生物。

但是你对躺在你餐盘里的鱼了解多少？你了解它以及世界上其他食用鱼来自哪里吗？当我开始研究全球数据时，我惊讶极了，原来目前人类吃的所有鱼类中，有一半以上来自养鱼场，而其中又有一半以上是在淡水中养殖的。这种转变既是对海洋鱼类种群变化的响应，也是由我们日益增长的对鱼类的需求产生的。

在全球范围内，平均每人每年要吃掉大约 20 公斤鱼。在我出生的年代，这个数字大概是 10 公斤，可见消耗量在缓慢而稳定地上升。与工业化国家相比，发展中国家人口的饮食中鱼类的占比更大，并且与肉类一样，消耗量的范围跨度也很大——从太平洋小岛国的人均 50 公斤以上到中亚的人均 2 公斤。

正如狩猎活动，捕鱼和狩猎海洋哺乳动物的活动也具有悠久的传统，而且对生态的影响相当大。据联合国粮食及农业组织（FAO）报告，世界上三分之一的鱼类被过度捕捞。人类不仅改变了海洋生物的多样性，而且改变了海洋生态系统本身。和陆地动物的遭遇一样，许多大型海洋物种都遭受了冲击，例如掠食性鱼类〔鲨鱼、刺魟[1]和剑鱼（*Xiphias gladius*）[2]〕和鲸，而这些改变对整个食物链产生了连锁反应。

在我童年的小木屋里，我姐姐在床的上方钉了一张纸，上面写着亚历山大·谢朗（Alexander L. Kielland）[3]的一段话："我们不能说海洋是不忠实的，因为大海从未许下任何承诺，没有要求，没有义务，自由、纯净而真实，搏动着强有力的心跳，是这个患病的世界里最后一点儿健康的声音。"

遗憾的是，我对此不是那么确定。伴随着海洋酸化[4]、无氧死区的出现[5]、微塑料的污染和对鱼群的过度捕捞，海洋已经根本不

1 刺魟，一些体型扁平，尾上有长尖刺的软骨鱼类的统称，属软骨鱼纲鲼形目鲼亚目（Myliobatoidei suborder）。

2 剑鱼，又称箭鱼。

3 亚历山大·谢朗，19世纪挪威现实主义作家，被誉为挪威文学"四杰"之一，本段引文出自其1880年出版的小说《加曼与沃斯》（*Garman & Worse*）。

4 海洋酸化，指吸收大气中过量的二氧化碳，导致海水逐渐变酸的过程。

5 无氧死区，指缺氧导致海洋生物大量死亡的海洋区域，可能是由气候变化或富营养化使藻类过度生长消耗氧气导致的。

再健康。前三个挑战是新近出现的，但在 19 世纪 80 年代，当谢朗写下《加曼与沃斯》一书时，他也很难确定海洋是否健康，因为（掠夺性的）捕捞并不是什么新发明。我们从历史资料中获知的例子是令人吃惊的。例如据一项对北大西洋大型鱼类物种的研究估计，当下所有大型鱼类（超过 16 千克）的总重量还不到捕捞活动开始之前的 3%。或者比较一下 1505 年和 1990 年纽芬兰的鳕鱼存量，估计 99% 的鳕鱼已经消失了。

在我们缺乏可以追溯到很久以前的可靠的系统数据库时，要记录鱼类种群的变化当然是很困难的。上述百分比只是不确切的估计，但是这些估计给人留下了鲜明的印象——在淡蓝色的海水中，事情并不该如此发生。

回到我们最初的话题，有超过 4800 人登上了地球的最高峰——珠穆朗玛峰，不到 600 人去过外太空，甚至有 12 个人在月球上行走过；但是，只有 4 个人去过地球上最深的地方——马里亚纳海沟。我们不可能全方位了解数百万立方公里的海水和其中生活的一切，这是我们必须接受的事实，但这并不意味着海洋可以应付任何情况。

为了使海洋“纯净而健康”，我们势必要付出更大的努力。鱼类和海鲜的养殖（无论在海水还是淡水中）都有助于为不断增长的人口提供蛋白质，但还远远没有达到所有设施都符合规定的环境标准的程度。为了将来能够可持续地捕捞海鲜，我们在许多方面都必须做进一步的工作：进行适当的限额计算，停止非法捕鱼，减少兼捕[1]，建立海洋保护区。我们还必须设法拯救受到海温升高、海水酸化和污染威胁的珊瑚礁，它们在单位面积内所支持的物种数量超过其他任何海洋生态系统。尽管珊瑚礁所占的面积不到世界海洋面积的1%，但据估计，至少有四分之一的海洋物种在其一生中都有部分时间生活在珊瑚礁上。即使无法对深蓝色大海中的所有资源进行全面监管，我们也必须开展上述所有甚至更多的工作，以确保我们不会以杰出的渔业科学家约翰·古兰德（John Gulland）所描绘的设想而告终："渔业管理是一项关于海中究竟有多少鱼的永无休止的争论，所有争论消失的那一刻，也就是所有的鱼都消失的时候。"

不断变化的基线：为什么我们没有注意到衰退？

蝴蝶是否还记得

自己是毛毛虫时的事？

——安佳·柯尼希（Anja Konig），

摘自《变形记》（'Metamorphoses', 2020）

1 兼捕，又称"误捕"，是指捕捞者在捕获目标渔获时经常会同时捕获其他种类渔获物。此举往往会对已经枯竭的非目标物种造成更大的损害，也会杀死缠在网中的哺乳动物和海鸟等。

30多年前，我开车穿越美国南部各州，一直到达美国最南端的西礁岛（Key West）[1]。从佛罗里达州大陆到礁岛群的海上高速公路横跨海洋，每一个笔直的路段将一个小岛与另一个小岛连接，像一幅连线画，直到用铅笔连上所有点之后图案才显现出来。

除了观看著名的日落（还被警察猛地惊醒，责骂我们在车上过夜）外，我对这次旅行最清晰的记忆之一是欧内斯特·海明威（Ernest Hemingway）的房子，那里有他的打字机和所有的六趾猫——它们都是海明威的船上的猫[2]的后代，都有这种精致的遗传小缺陷。海明威还喜欢鱼，更准确地说，是喜欢钓鱼。1935年的一张照片里，他向家人微笑着，皮肤被晒成褐色，站在四条悬挂的马林鱼[3]前面。那些鱼几乎是他的两倍高。

在西礁岛，人们为一天的渔获拍一张战利品的照片是一项悠久的传统。如果拿出这些历史照片并按时间顺序排列，你会清楚地看到一个规律：在最新的照片中，垂钓者的笑容和旧照片上一

---

1 西礁岛，位于美国佛罗里达群岛南端，有“天涯海岛”之称，属于佛罗里达礁岛群（Florida Keys）约1700个小岛中的一个。

2 1935年，海明威的一位船长朋友送给他一只猫，这只猫有六个脚趾，海明威给它起名为雪球。

3 马林鱼，鲈形目旗鱼科的大型海洋鱼类的俗称。旗鱼科包括旗鱼属、四鳍旗鱼属与枪鱼属。有研究者认为海明威《老人与海》中的“马林鱼”（marlin）是大西洋蓝枪鱼（*Makaira nigricans*）。

样灿烂，因为他以为自己抓到了一条巨大的鱼，但是作为战利品的鱼却已经缩水了。从 1956 年到 2007 年，一天的最大捕获物从 92 厘米缩短到了 42 厘米；根据长度和种类来估计重量的话，则是从 20 公斤缩小到了 2.3 公斤。但是，如果你在 2007 年问一位将“创纪录”的鱼拖到岸上的人，他可能会回答：“哦，是的，这是有史以来人类见过的最大的鱼。”这是因为我们集体失忆了。

你能描述出你不记得的事情吗？能描述出你从未见过的大自然的状态吗？几乎不大可能。这是一种与自然有关的心理现象的核心，叫做“移动基线综合征”：一条不断变化的关于自然世界状态的基线。

这种现象描述了随着时间的流逝，我们是如何失去了对大自然“健康状况”的了解的，因为我们并不理解实际正在发生的变化。我们的活动对世界的改变是多么巨大，而我们短暂的生命和有限的记忆却使我们产生了错误的印象，因为人类的心理基线会随着每一代人而改变，有时甚至在一代人的时间里也会改变，就像你在回忆年幼时曾经在斯卡格拉克海峡捕到的鳕鱼数量时肯定会记错。渐渐地，你降低了对周围自然世界的期望。

加拿大海洋生物学家丹尼尔·波利（Daniel Pauly）提出了“基线变化”这一概念。他研究了人类捕鱼的方式：起初是过度捕捞大型掠食性鱼类；当捕捞资源太少而无法获利时，捕鱼者的关注点沿着食物链的等级稳步下降。此外，他对渔民和海洋生物学家根据职业生涯早期记忆来说明物种和数量的方式进行了观察，结论表明，这些记忆被当作不受影响的参照标准，还将被用作衡量新变化的基准。结果，他们相信了日益贫瘠的生态系统就是自然的正常状态。这就是移动基线综合征：一种代代相传的关于自然状态的集体性失忆。

我们再以一种在海水和淡水之间迁徙的鱼为例。美国哥伦比亚河中的鲑鱼数量如今是 1930 年的两倍。如果以 1930 年为基准的话，这听起来很不错。但是在 1930 年，这条河中的鲑鱼数量仅仅是 19 世纪初的十分之一。采用这一基准，对发生的长期变化描绘出了完全不同的图景，从而也为把握变化所带来的影响提供了不同的基础。

移动基线综合征并不是某种感性的浪漫主义，声称“过去的总是更好的”；它也不是一种幼稚的信念，认为我们应该回到自然状态，像石器时代的人一样生活在广阔的、野性的自然世界中。相反，意识到基线的变化会在评估情势时为我们的计算提供一个恰当的初始值。当我们尝试评估地球的极限所在时，对于自然被改变的程度，要使用正确的变化率。

人类惊人的适应能力既是优势，也是劣势。集体失忆症使人类无法掌握自然被其改变的程度，因为人类不断适应着新的常态——无论是挡风玻璃上越来越少的被撞扁的昆虫、森林中枯树和死树的缺乏，还是越来越频繁的极端天气。这也使大多数人和政客更加难以了解局势的严重性，遑论参与其中。在地球生态系统日益衰退的时代，我们不断变化的基线成为了一项重大的挑战。

3

世界上最大的蜂鸣声

我最早的儿时记忆里就有咖啡，那时我还是个扎着辫子，裹着防雪服的四岁小屁孩。我有一次蠢到去舔幼儿园操场周围的金属栏杆。那可是挪威北部一个冰冷的冬日，我的舌头冻在了栏杆上。一名日托工作人员跑了出来，在我冻住的舌头上倒了一杯咖啡，救了我。

距离初次邂逅小粒咖啡（*Coffea arabica*）[1] 已经过了 50 年，我仍然是咖啡的忠实粉丝。而且不止我一人。全世界每天要消耗掉十亿杯咖啡。这种饮品在历史上曾激起过愤怒，也荣获过赞誉。1675 年，英国国王查理二世（Charles II）曾试图禁止咖啡的供应，因为他认为咖啡馆是具有反叛意识的知识分子产生的温床。半个世纪后，作曲家约翰·塞巴斯蒂安·巴赫（Johann Sebastian

1 小粒咖啡，茜草科咖啡属植物，亦称阿拉比卡种（Arabica），是最传统的阿拉伯咖啡品种，也是咖啡属中栽植最广泛的树种。

Bach）写下了他广受欢迎的世俗作品《咖啡康塔塔》（*Coffee Cantata*）[1]，其中一位年轻女孩恳求父亲允许她品尝新的时尚饮品："咖啡，我要喝咖啡……"

想象一下没有晨间咖啡的一天，或者没有巧克力的星期六晚上，又或者没有蛋白杏仁糖果的圣诞节庆祝活动。更不用说没有墨西哥卷饼和玉米片（它们含有葵花籽油），而只有甜玉米作蔬菜的挪威传统星期五了。[2] 如果我们不能照管好世界上的昆虫，使它们为我们的食源植物授粉，上述想象将可能成为我们的新常态，因为水果、浆果、许多蔬菜和坚果在很大程度上靠昆虫授粉。如果没有野生昆虫的帮助，就无法培育这些作物，至少不会有如今这样的规模或如此便宜的价格。

昆虫授粉的作物不仅为我们的餐盘带来了丰富的色、香、味，它们还是维生素和微量营养元素的来源。因此，传粉昆虫的持续减少也可能会危害我们的健康，尤其是在东南亚部分地区，一半的植物性维生素A的来源都依赖于动物的授粉。

实际上，授粉的作用也关乎公平与团结。有三分之一的老挝

---

1 康塔塔，原意是指"为某事吟唱"，是一种篇幅较短的声乐套曲，表演形式包括器乐曲、独唱、重唱、合唱等。1732年，巴赫创作了《咖啡康塔塔》（作品第211号），当时咖啡这种违禁饮料风靡一时，新的咖啡馆在德国四处林立，而光临的大多是女性。巴赫的《咖啡康塔塔》是为女性争取饮用咖啡的自由而创作的。

2 挪威传统习俗，在挪威星期五朋友和家人会一起做墨西哥卷饼。

人民的生活水平在贫困线以下，他们未必能通过服用维生素药丸来弥补提供丰富营养的植物的短缺。许多依赖授粉的食源植物是发展中国家从事小规模耕作的农民和家庭农场的重要收入来源。昆虫为数百万人的工作和收入提供了基础。这就是为什么昆虫的声音是世界上最大的蜂鸣声。

花朵与蜜蜂

了解授粉作用也需要一点儿性教育的知识。一定程度上，它算是关于两性基本常识的扩展版本，或者就像我们在挪威语中所说的“花朵和蜜蜂”[1]。

让我们从花朵开始。由于植物被扎根于地面的根系束缚，它们不得不寻找一种不同于动物的方式来繁殖。番茄或苹果树无法为了寻找合适的伴侣而东奔西跑，因此，植物会在亲代和子代之间转换来确保其生命的延续，其中一个世代实际上可以在一些帮助下移动。

其中一个世代是清晰可见的，即有着茎、叶和花瓣的绿色生命。这就是你所知的植物。这一点儿也不奇怪，因为（在亲代和

1 指可以向儿童说明的有关两性关系的基本常识。

子代的所有生命体中）它个头儿最大，而且寿命也最长。然后，这一生命体产生了下一个世代：小小的、生命短暂的个体，有雄性也有雌性。雌性个体被整齐地包裹在植物的花朵中。雄性个体也在花中产生，就是我们所知的花粉。这算不上什么个体。这些小点点更像是植物的阴茎，装满了遗传物质，被一个极具防护性的壳保护着。植物正常的性生活需要这些小小的微粒找到雌性个体，最好是在另一株植物上的，这样它们才能交换并结合双方的遗传物质。这就是它们需要得到帮助的地方。

如果某种植物寄希望于风的帮助，它需要产生大量的花粉，其中的一些才有机会被风带走并且最终落在同一物种的另一朵花上。我们正在谈论的是一株植物中的数亿颗花粉。大自然产生的效用不完全是正面的，对花粉过敏就是一个例子。针叶树、许多带有飞絮的植物、禾草和类禾草植物都依赖于这种大规模生产策略。他们都有不起眼的小花，通常是绿色的。

其他植物则会开出巨大的、鲜艳的花朵，并依靠动物界的协助来运输花粉粒，以便和雌性个体约会。在这种情况下，昆虫是特别重要的货运公司。从一亿多年前的白垩纪开始，昆虫和显花植物就共同进化了。这一切开始于一个巧合：一只饥饿的甲虫在寻找早餐时，正巧发现了一朵木兰花，美味、营养的花粉藏在厚厚的花瓣中。当甲虫大口吞下花粉和花朵时，一些花粉粘在了它身上。它继续向前飞，发现了一朵新的木兰花，就这样第一朵花的花粉传到了第二朵花上，促成了木兰花的繁殖。

进化在继续。蜂类很快就出现了，它们是为显花植物专门进化出来的会飞的助产士。蜂类的种类繁多，全世界大约有2万种，其中挪威有200多种，包括近30种群居生活的社会性黄蜂，7种会占领社会性昆虫的蜂巢并在那里产卵的拟熊蜂（*Psithyrus*）[1]，170多种独栖的野生蜂类（也就是非群居而是独自生活的蜂类，就像大多数昆虫一样），还有我们自己的六足家畜：蜜蜂。蜜蜂为我们酿造蜂蜜，并为授粉做出了贡献，而其他所有昆虫共同承担了大部分的授粉工作。

蜂类的一些共同点使得它们非常适合扮演传粉者的角色。首先，它们不仅有绒毛，而且似乎这还不够，它们的绒毛还是分叉的。在放大镜下，这些绒毛看起来就像细小的羽毛，每个绒毛上可能还有许多分支。这使得蜂类全身极容易粘附上微小的花粉粒。其次，大部分蜂类是素食主义者，仅靠花粉和花蜜生活。年幼的蜂类（蜂类幼虫）就是用这种食物喂养的。至于野生的蜂类，雌性收集花粉和花蜜，将其揉成团块，和虫卵放在一起。由于蜂类需要找到大量的花粉和花蜜来养活自己和它们的幼虫，因此需要造访大量的花朵，并在此过程中完成了许多高质量的授粉工作。

野生蜂类和其他授粉昆虫的贡献巨大，驯养的蜜蜂无法替代

1　拟熊蜂属昆虫，为非社会性昆虫，但将卵产在熊蜂属昆虫的巢内。

它们的作用。全球许多种不同的食源植物和农作物都已证明了这一点。例如，美国一项关于苹果栽培的研究表明，每多出现一种野生蜂类，发育成苹果的花朵就会增加约1%，而蜜蜂的存在不会产生更多的苹果。原因之一可能是，野生蜂类会勤勉地飞向所有苹果树，而蜜蜂则更喜欢直接飞向花朵最多的苹果树。

全球直接依赖于授粉作用的粮食生产的价值大约为英国2016—2017年度政府支出的三分之二。过去50多年来，需要授粉的农作物的数量增加了两倍，但农作物的产量却未能在同一时期以相同的速度增长。对此一个可能的解释是，授粉昆虫似乎正朝着相反的方向发展，世界上许多地方的近期研究表明，我们“会飞的小帮手”的个体数量在不断减少，多样性也在降低。

蓝色的蜂蜜带来红色的怒火

有好几种社会性的蜂类都会产生一些蜂蜜，但只有蜜蜂有如此大的蜂蜜产量，而人类可以收割它们辛勤收集的产物。这是一项艰巨的工作：每生产一千克蜂蜜需要造访几百万朵花。选择快速简便的解决方案可能很有诱惑力，但在与现代世界的碰撞中却可能会出现很多问题。例如，几年前，法国东北部的养蜂人就受到了巨大的冲击——当他们朝蜂箱里看去，发现蜡蜂巢中的蜂蜜不是通常所呈现的温暖的金色，而是蓝色或绿色。

养蜂人燃起了红色的怒火，因为蜂蜜尽管味道不错却无法出售。几十名受到影响的养蜂人觉得他们本就已经自顾不暇，要应付蜜蜂生病、蜂蜜产量低下的问题，如今还要开始进行一番辛苦的侦探工作。他们注意到当蜜蜂返回蜂箱时，其花粉筐中携带着难以辨认的颜色鲜艳的物质，然后他们追查到了源头。原来，这是一处几公里外的沼气设施，用来储存一家生产鲜艳的巧克力花生豆（M&M 豆）的工厂的废料，它们被露天存放在户外。也许蜜蜂以为它们发现了一些异常巨大而且饱含花蜜的花朵。不管怎样，这些都是稳定、易于获取的糖源，蜜蜂们再也没有必要费力地从一朵苹果花飞到另一朵。幸运的是，发现问题之后，该工厂立即将沼气设施中的所有原料转移到了室内。就这样，这些法国蜂蜜又恢复了金黄的色泽。

这个例子说明了为什么我对放置糖水、香蕉皮和其他东西来帮助花园里的授粉昆虫的做法持怀疑态度。这种做法既可能使它们从原本作为传粉者的工作中分心，又会形成感染的集中传播点，因为会造成过多个体访问同一个地点的情况。更重要的是，糖水是对花朵产生的实实在在的花蜜和花粉的拙劣模仿。因此，最好在你的花园中种植或播种一些富含花蜜的花朵或其种子。并且请注意，永远不要给蜜蜂喂昆虫。这些昆虫可能包含细菌休眠体[1]，蜜蜂会感染这些细菌而生病。美国蜜蜂幼虫腐臭病和欧洲蜜蜂幼虫腐臭病都可以通过这种方式传播，而且这两种疾病都像它们的名字一样令人讨厌。

一蝇二用

除了蜂类，许多其他物种也有助于授粉，如甲虫、黄蜂、蝴蝶和飞蛾，更不用说苍蝇了。特别是在寒冷的气候中，在高纬度地区和高海拔的山区，苍蝇至关重要。如果你在芬瑟（Finse，一个奥斯陆至卑尔根铁路线上的站点，海拔 1222 米）[2] 附近的山区里，一整个夏天坐在那儿观察谁落在了野花上，就会发现十个传粉者中超过八个是家蝇和它们的近亲。不像可爱、毛绒绒的大黄蜂，它们可能缺少讨人喜欢的“大熊猫效应”，但这些勤劳的昆虫是我们最重要的授粉者之一。

蝇类在温带地区也有所帮助，尤其是食蚜蝇[3]。它们很容易辨

1 细菌休眠体，又称芽孢，产芽孢细菌在营养条件缺乏时，会形成含水量极低的芽孢休眠体，其抗逆性极强，能经受高温、紫外线、电离辐射、多种化学物质灭杀等。虽然蜂蜜含有抗生素，绝大多数细菌无法在蜂蜜中生存，但蜂蜜还是有可能被芽孢污染。

2 芬瑟，挪威铁路系统中的最高点。

3 食蚜蝇，双翅目食蚜蝇科（Syrphidae）昆虫的通称。

认，因为尽管它们用黄色和黑色的条纹伪装成黄蜂，但它们有一个黄蜂也会羡慕的技巧，即像微型的蜂鸟一样在空中悬停，看起来一动不动。因此，它们也被叫作“悬停蝇”。食蚜蝇用这种技巧从花朵里吸食花蜜，也会用这种“凝固”技术来盘旋飞翔，而表现得最好的雄性就是街上“最靓的仔”，可以获得与雌性的交配权。

鸟类并不是唯一会迁徙的生物，有些昆虫也这样做。蝴蝶和蜻蜓是其中最著名的，但是一项利用雷达进行探测的研究表明，数十亿计的食蚜蝇也会根据季节迁徙。每年春天，至少有 5 亿只食蚜蝇穿过英吉利海峡来到英国。成群的食蚜蝇入侵英国也是个大好消息。成年食蚜蝇不仅从遥远的地方送来异国的花粉，还提供大范围的内陆运输服务。最重要的是，它们的幼虫是胃口很大的捕食者，每年夏天会收拾掉 3 万亿至 10 万亿只蚜虫，从而有助于保护我们的农作物。

这就是为什么食蚜蝇还可以被用作害虫防治，作为一种替代喷洒杀虫剂的自然方式。一石二鸟，或者说，一蝇二用：利用同一个黄黑条纹的物种同时实现了授粉和害虫防治服务。幸运的是，尽管有越来越多的关于昆虫种群减少的令人沮丧的报道，但是，会迁徙的食蚜蝇的数量在过去十年中一直保持稳定。

巴西栗和飞行的香水瓶

花朵和传粉者之间的关系通常十分多样，而且没有特异性，这就使得许多不同种类的昆虫都可以对某个特定的植物物种进行授粉。但是在某些情况下，花朵和传粉者也发展出了高度特异的相互关系，这些关系是如此奇异，你几乎不会相信它们是真的。

让我们开始一场南美洲之旅。在南美的所有雨林中都遍布着巴西栗（*Bertholletia excelsa*）[1]。巴西栗树可以生存数百年，以高达 40 米的身姿直指天空。在一年中的某个时候，树上像椰子一样的果实从令人目眩的高空嗖嗖地落到地上。这些果实动辄重达一两千克，尽管很诱人，但你当然不会希望有一个落在你的头顶上。

引用德国自然科学家亚历山大·冯·洪堡（Alexander von Humboldt）的一段话，1800 年左右他在南美旅行了几年："这些果实，就像小孩子的头一样大……从树顶落下时发出巨大的声音。没有什么会比这个现象让你对自然行为的力量更充满敬畏……"藏在和头一样大的壳中的就是圣诞节时你会在混合坚果袋中发现的巴西栗，很难在打开这些长椭圆形坚果的同时不压碎

1 巴西栗，又名巴西坚果、鲍鱼果，玉蕊科巴西栗属植物。本属只有巴西栗一个种，植物名"*Bertholletia*"是以法国化学家克劳德·贝托莱（Claude Louis Berthollet）的名字命名的，是世界主要商业坚果和果仁种类之一。

其中的果仁。

我想，洪堡和他的旅行伙伴法国植物学家埃梅·邦普兰（Aimé Bonpland）如果知晓对巴西栗进行授粉时要做的古怪动作，他们会更加敬畏自然。巴西栗树上的花朵由一种神秘的美丽生物授粉，它们的身体闪烁着蓝色、绿色和紫色的金属光泽，看起来就像飞行的珠宝。

这种昆虫叫做兰花蜂[1]，仅生活在南美洲和中美洲。雌性的兰花蜂负责花粉的运输，她们的工作需要全力以赴，因为巴西栗的花朵被一种特殊的盖子所遮盖，而雌性兰花蜂是为数不多能够挤开它进入花朵采蜜的生物之一。这一技能为她提供了食物，而巴西栗树得到了授粉，保证了坚果的生产。但这只是故事的一半。

雌性的兰花蜂是独特的，她只会与闻起来很香的雄蜂交配。而雄峰又不能轻易地闯进香水店挑选一瓶诱人的香水，他只能自己亲手制作。于是，当雌蜂忙于给巴西栗授粉时，他会飞向一朵朵兰花，收集香气扑鼻的油脂，并将其储存在后足的特殊结构中。这一由他的后足膨胀所形成的三角形容器实际上是一个香水瓶。

这种香气的收集似乎对吸引雌性兰花蜂至关重要。通过生产

1　兰花蜂，蜜蜂亚科西兰花蜜蜂族（Euglossini）的物种。

自己独有的香水[1]，雄性兰花蜂获得了交配和繁殖新的小兰花蜂的机会。与此同时，雄性兰花蜂在从一朵花飞到另一朵花的过程中完成了花粉在兰花之间的运输，从而使它们能够产生种子。

因此，兰花蜂为获得花蜜和甜美的香味所付出的努力同时使巴西栗树和兰花获益。同样受益的还有人类，当地居民和出口市场都得到了巴西栗供应。一旦你对几个物种之间的复杂相互作用稍有了解，你还会理解为什么巴西栗无法人工种植：只有在确保所有合作伙伴都具备生活条件的森林中，蜜蜂、树木和兰花才能形成它们非凡的友谊纽带。

无花果树和榕小蜂：数百万年的忠诚和背叛

传粉者和植物之间相互适应的另一个极端例子就是榕小蜂[2]和无花果树。其中不仅涉及友谊，还包括密切的合作关系，以及忠诚、自我牺牲和背叛。就像好莱坞浪漫爱情片中所说的那样：爱，很复杂。[3]来听听这些吧。

---

1 原文为法语eau de parfum（淡香水）。

2 榕小蜂，膜翅目榕小蜂科（Agaonidae）昆虫的统称。

3 《爱很复杂》（*It's Complicated*）是环球影业公司出品的爱情喜剧电影。该片由梅丽尔·斯特里普、亚历克·鲍德温等主演，讲述了一个关于爱情、离婚以及与之相关的一切的故事。

一般意义上的花朵会大大方方地向世界盛开，而且可以接受任何传统的访花昆虫。无花果树则不然。这个故事从一开始就很奇怪，因为无花果树的花序是里外翻转的。树上长出淡绿色像小梨子一样的果实，梨子是空心的。在梨子里面，或者更准确地说，在无花果里面，都是花朵。

像这样把花朵藏在里面可能看起来很笨拙无能，但是无花果树有它狡猾的计划。实际上，它有一条狭窄的通道，正是适合榕小蜂进入的地方。一只已经交配的雌性榕小蜂挤了进来。通道太窄了，她在挤进来的路上失去了翅膀，所以她短暂的余生都被困在了花洞中。在无花果树看来，那是再完美不过了。它只关心榕小蜂是否从另一棵树上带来了一些花粉，使翻转的花序里面的雌花受精。

而在被困的榕小蜂看来，前景则是一片灰暗。对她来说，这就是用生命抽取的彩票：她是爬进了可以当作托儿所的无花果，还是陷入了一种被欺骗的关系，即她的无花果树伙伴会拒绝接受她的子女？听好了，这就是事情开始变得复杂的地方——要生产出我们通常吃的无花果，需要两种无花果树。

有一些无花果树在无花果空心里有可育的雌花，能够使梨形的翻转花序发育成可以食用的无花果。但是这些可育雌花的物质结构使得雌性榕小蜂无法在那里产卵。如果她爬进了这种类型的无花果，那么她抽取的这张生命彩票就没有中奖，她将无法延续她的后代。她被她的无花果树伙伴出卖了，它欺骗了她，只是欺骗她把大量的花粉运了进来。

幸运的是，在和雌性榕小蜂之间复杂的关系中还有另外一个当事人：一种不同的无花果树，即“山羊”无花果树。在这里，整个花序也是里外翻转的，但是空心中的雌花是不育的，而且非常适合产卵，还有许多雄花会产生花粉。如果雌蜂抽中了中奖彩票，爬进了这种无花果，一大家子的前路就无忧了。所有新的榕小蜂为成年生活做好准备后，无花果树便从托儿所变成了“青楼”，新孵化的榕小蜂在这里交配。

现在只剩下一个问题：刚完成交配的新一代的雌蜂如何带着完好无损的翅膀飞出去呢？到雄蜂登场的时候了。他们也许看不见，而且没有翅膀，但在用咀嚼口器扩展狭窄的隧道来为雌性创造出一条通向自由的宽阔道路这方面，他们可是冠军。雌蜂在出去时从雄花中带上了花粉，而雄蜂死在了他的出生地。雌蜂飞向外面的世界，寻找新的无花果树。又是一轮新的彩票生涯。

这个故事说明了花朵和传粉者之间的相互作用可以有多先进。令人难以置信的是，自古以来，人类就已经知道了需要利用这种奇异系统中两种类型的无花果树来生产无花果，而且人们常常将“山羊”无花果的树枝挂在可以食用的无花果树上，使整个系统正常运转。无花果树显然是人类最早系统栽种的树种之一。

如今，我们有时会栽培变种来生产可以食用的无花果，完全无需授粉和榕小蜂的造访。不过，无论如何，你在吃无花果时不用担心会发现死的榕小蜂。幼虫能够在其中生存的“山羊”无花果坚硬而难以食用，而在可以食用的无花果中，被困的雌蜂会被酶分解并消失。

全世界有八百多种无花果树，大多数树种都有自己的用于进行授粉的榕小蜂。[1] 这些错综复杂的伙伴关系已经存在了数百万年：榕小蜂和无花果花粉的化石已有3400万年的历史，而它们之间的关系被认为至少可以再往前追溯同样长的时间。

喜欢无花果的不只是我们人类。作为一个物种，无花果树被认为是热带地区最重要的果树，至少有十分之一的鸟类和六分之一的哺乳动物都食用无花果。而且，如果无花果和榕小蜂这个超级团队在这类迁移活动中得到一点帮助，他们甚至可以为其他生态系统服务做出贡献，例如帮助重建消失的森林。

克拉卡托（Krakatau）是爪哇岛（Java）和苏门答腊岛（Sumatra）之间的一个火山岛群，在过去的几个世纪中，几次巨大的火山喷发使克拉卡托臭名昭著。其中一次火山喷发发生在1883年，在当时最大的岛屿上，大范围的土地被炸毁，发出的声音被认为是有史以来最强烈的噪音。火山喷发消灭了岛上的所

1　蜂卵只有产在雌花子房的珠心和珠被之间，幼虫才能顺利长大。榕小蜂拥有纤细的产卵器，可以从柱头顶端插入，穿过花柱到达合适的产卵位置。由于不同种类的花的柱头到珠心的距离不同，只有特定种类的榕小蜂才能顺利产卵。

有生命，但在临近岛屿上的食果鸟类和古老的狐蝠[1]的小小帮助下，榕小蜂和无花果种子又回到了那里，无花果树从那时起在荒芜的熔岩岛上定居。如今，那里生长着大概 20 种无花果树，为不断增长的相伴而来的伴生物种提供了生存基础。科学家们已经受此启发，尝试使用无花果树来恢复其他热带地区日益减少的森林，实验取得了巨大的成功。

1 狐蝠科（Pteropodidae）动物的统称。

4

货源充足的药房

全身盔甲的海洋生物，色彩鲜艳的北美蜥蜴，远古森林中的常绿树种……这些不同的物种有什么共同点呢？——它们都为我们人类提供了药物，挽救了数百万的生命。

几个世纪以来，人类一直试图从柳树身上套出它抑制发烧的秘密，这为我们带来了阿司匹林[1]。从罂粟（*Papaver somniferum*）[2]中，我们提取到了吗啡。美丽的毛地黄（*Digitalis purpurea*）[3]是洋地黄类药物的来源，数百年来一直被当作治疗心脏病的药物使用。在亚马孙河流域，原住民常常用不同植物的毒素来调配箭毒。箭毒在欧洲广为人知后，在西医中被用作肌肉松弛剂，现在仍在麻醉的早期阶段被使用。

---

1 从柳树皮中提取的水杨酸，可与乙酸酐反应制备乙酰水杨酸（阿司匹林）。

2 罂粟为罂粟科罂粟属（*Papaver*）植物，富含异喹啉类生物碱，如吗啡、可待因、罂粟碱等，有镇静作用，具成瘾性。

3 毛地黄是毛地黄属（*Digitalis*）植物，属名“*Digitalis*”也是心脏用药洋地黄的名称。

全球销售的药品每年的价值约1万亿美元。即使在当今高科技的、充满人工合成的药物成分的制药行业中，仍然有超过三分之一的药品直接或间接地来自自然界中的物种。对于某些类型的药物来说，例如抗生素和抗癌药，这一比例则要高得多：60%到80%只是意料之中的起点。新型药物的原材料仍然等待着在成千上万的植物、真菌和动物中被发现。

蒿草与疟疾

千百年来，植物王国一直是我们最丰富的药物活性成分的来源。最古老的关于药用植物的记录是一块苏美尔人的泥板，距今有5000年历史，上面记载了12种不同药物的配方，涉及250多种植物，其中几种含有我们现在已知能够影响中枢神经系统的物质，例如曼德拉草、莨菪（*Hyoscyamus niger*）[1]和罂粟。

数个世纪以来，经过反复的试验和失败，许多传统药用植物在药物界占据了重要地位。这就是为什么民族植物学，即有关人

---

1 曼德拉草通常取自茄科茄参属（*Mandrogora*）植物，有时也取自葫芦科泻根属的白泻根（*Bryonia alba*）；莨菪是茄科天仙子属植物。这些植物含有多种莨菪烷类、甾体类和吡啶类生物碱，其中莨菪烷类生物碱，如阿托品、东莨菪碱，对中枢神经系统有抑制作用。

类与植物之间的关系和对植物的利用的研究，可以成为寻找新药的优势学科。2015 年，屠呦呦凭借发现用于治疗疟疾的有效成分——青蒿素，获得了诺贝尔生理学或医学奖。

屠呦呦的发现是基于传统中医进行数十年针对性搜索的结果，这一研究项目对 2000 多种中草药进行了研究，以寻找对抑制疟原虫有效的潜在活性成分。最终，研究小组经过筛选，剩下了一种浅绿色的多分枝植物，花朵极小，几乎不可见——它就是黄花蒿[1]。黄花蒿是艾蒿[2]和苦艾（*Artemisia absinthium*）[3]的近亲，艾蒿是所有花粉过敏患者的痛苦之源，苦艾则用来给一种独特的饮品——苦艾酒——增加风味。

中国科学家意识到这种植物富含有趣的活性成分，但仍在努力分离并提纯它们。在一本公元 3 世纪由中草药医师撰写的、距今已有 1700 年历史的急救处方手册中[4]，屠呦呦和她的研究团

---

1 提取青蒿素的物种学名是*Artemisia annua*，黄花蒿是其中文学名，即中国古代典籍中记述的“草蒿”及“青蒿”，中药习称“青蒿”。本种不同于植物学中的“青蒿”（*Artemisia carvifolia*），后者不含青蒿素，无抗疟作用。在这里我们使用了植物学的学名“黄花蒿”，而不是中药习称“青蒿”。

2 艾蒿，菊科蒿属（*Artemisia*）某些植物的统称。

3 苦艾，中文学名为中亚苦蒿，又名洋艾、苦蒿、啤酒蒿。

4 指《肘后备急方》，东晋时期葛洪著，为古代中医方剂著作，是中国第一部临床急救手册。其中《治寒热诸疟方第十六》中提到：“青蒿一握，以水二升渍，绞取汁，尽服之。”这句话给了屠呦呦灵感，即在较低的温度中提取青蒿素可能有助于保持药物的抗疟活性。

队发现了从这种植物中提取活性物质的重要技巧。

实验表明，青蒿素可以快速有效地杀死最凶险的疟原虫（*Plasmodium falciparum*，即恶性疟原虫），而且几乎没有副作用。这是个好消息，因为在许多地方，疟原虫已经对以前的疗法产生了抗药性。现在的治疗方案将青蒿素与另一种抗疟药物结合，使疟原虫更难产生抗药性。

出于对青蒿素的高需求，科学家们一直在寻找在实验室生产青蒿素的方法。这就是我们的老朋友——酿酒酵母，俄勒冈州的"州立官方微生物"再次出场的时候了。2013 年以来，一家制药公司的转基因酿酒酵母频繁用于生产大量抗疟药物的原料。[1] 同时，科学家们还在进行更为深入的探索，寻找更便宜的新方法来生产这一活性成分，以确保最需要的人可以得到治疗。

据说青蒿素是人类数百年来努力抗击疟疾取得的最重要突破，其基原植物——不起眼的黄花蒿已经挽救了超过一百万人的生命。也就是说，保护有关具有疗效的物种的传统知识并通过科学研究对这些物种探究到底是有意义的。如果我们要区分没有科学依据的迷信（例如使用犀牛角治疗癌症）和可能用于

1　阿米瑞斯（Amyris）生物技术公司与美国加州大学伯克利分校教授杰·科斯林（Jay Keasling）合作，成功构建了产青蒿酸的酵母菌株，并开发了从青蒿酸到青蒿素的化学合成方法，完成了青蒿素的半合成工艺（微生物合成加化学合成）。

开发新药的知识，那么这是至关重要的。如今，随着现代生活方式的普及、广泛存在的城市化以及原住民对传统生活方式的放弃，这种传统知识正在世界上许多地方消失。

然而，土著社区的自然资源使用权和外国制药公司的专利保护权是造成冲突的原因：对当地生物遗传资源的尊重和外国制药公司对利润的追求相互冲突，常常伴随着自殖民时代以来就令人不快的成见。所谓的“生物剽窃”[1]案例有无数个，在这些案例中，外国制药公司利用原住民社区的生物遗传资源赚得盆满钵满，而原住民群体或当地社区的创始人却没有得到一分钱的收益。

情况并没有这么简单。毕竟，谁真正拥有对一株植物或一只青蛙的权利？大自然的共享产品和服务的版权和收益应该如何分配？如今，有一项旨在规范这类问题的国际条约，叫作《名古屋议定书》[2]，但这仍然是一个具有挑战性的问题。

最近的一个例子和另一种潜在的抗疟药物有关。法国一家国立科学研究所（IRD，法国发展研究所）对南美地区的法属圭亚那的117名原住民和其他居民的代表进行了访谈，以寻找用于抗击疟疾的动植物。所收集的34个药方里包括一种苦木

1 生物剽窃，即“非法提取生物遗传资源基因”的俗称。——编者注

2 全称为《关于获取遗传资源和公正和公平分享其利用所产生惠益的名古屋议定书》。

科（Simaroubaceae）[1] 的植物。苦木科的植物是热带植物，天堂树（*Ailanthus altissima*）[2] 也是苦木科的一员。天堂树在世界各地的城市中经常被当作观赏树种，因为它很适合在空气污染严重的街道上生长（顺便说一句，天堂树和柳树一样，雄花和雌花开在不同的树上，人们不会种植雄树，因为它们的花有难闻的气味）。用来治疗疟疾的植物是一种开着美丽红色花朵的小树，名字叫作苏里南苦木（*Quassia amara*）。而且，我忍不住要插入一次简短的题外话：瑞典自然学家卡尔・林奈（Carl Linnaeus）[3] 用“*Graman Quassi*”来命名这种植物。格拉曼・夸西（Graman Quassi）是来自与法属圭亚那接壤的苏里南的一名被释放的非洲奴隶和医师，在 18 世纪他就已经利用这种植物来治疗发烧了。Quassi 和单词 amara 被连在一起用来命名苏里南苦木，amara 在拉丁语中表示“苦味”，其叶子中因含有对放牧啃食有威慑作用的药性成分而发苦。

---

1 苦木科，属于无患子目，落叶或常绿的乔木或灌木，树皮通常有苦味。

2 天堂树，即臭椿，古称“樗”，《庄子・逍遥游》中记载：“吾有大树，人谓之樗。其大本拥肿而不中绳墨，其小枝卷曲而不中规矩。立之涂，匠者不顾。”指臭椿（樗）不堪大用，后有“樗栎庸材”这个成语。但臭椿如今在世界各地广泛栽培，是优良的绿化树种和环保树种，英文名“tree of heaven”意为“天堂树”。

3 林奈（1707—1778）创立了给植物命名的双名法。植物学名的第一个词是属名，表示该植物所属的类群；第二个词是种加词，通常是形容词，反映这个种最显著的特征。

事实上，正是在苏里南苦木的叶子里，法国科学家发现了一种对抗疟原虫的新物质，叫作苦木素E（Simalikalactone E，SkE）。法国发展研究所于2015年申请并获得了这种物质的专利，但并没有让法属圭亚那当地政府参与。直到在几个季度中被大量指控“生物剽窃”之后，法国发展研究所才改变立场，同意与法属圭亚那分享所有利润，毕竟研究所在这项研究中使用的知识和植物材料全部来源于此地。

携带药用真菌的使者

几年前，在意大利北部的一座城市，我在阳光炙烤的街道上排队等候了数小时，就是为了赶快见到奥兹冰人（Otzi the Iceman）[1]。那个可怜的人在5000年前的高山冰川上结束了他的生命。他就像一位来自欧洲青铜器时代的使者，干瘪的两颊凹陷着，躺在气候控制箱中，那场景仿佛是一场迟来的安葬。少有人像他这样被彻底分析过：经历了X射线、CT扫描，还被以各种可能的方式进行了测试和研究。

但我最感兴趣的是奥兹身上穿着和携带的东西。寒冷、昏暗

---

1 奥兹冰人，1991年在意大利北部阿尔卑斯山靠近奥地利的边界发现的一具古尸的名字。

的博物馆里还设有一些展示柜，里面装有和奥兹一起被发现的衣服和工具。作为一名昆虫爱好者，我看到在他的头发和衣服中发现的斑虻[1]残骸和两只跳蚤时感到兴趣盎然。奥兹还携带着各种真菌，包括一些放在小皮革袋里加工后的木蹄层孔菌（*Fomes fomentarius*）[2]。它可能是用来引燃火种的，也可能是用作止血的，如同一种原始的绷带。

他的身上还有两个圆形的桦拟层孔菌（*Fomitopsis betulina*）[3]团块，用绳子串在一起。有一种理论认为它们具有宗教的象征意义，还有一种理论认为它们是用来治疗肠道蠕虫的药物。当然，也有人分析了不幸的木乃伊的肠道内容物，并在其中发现了鞭虫（*Trichuris trichiura*）[4]——一种肠道寄生虫。尽管治疗蠕虫的药物理论存在争议，但是，在民间医疗中使用桦孔菌确实有一段悠久的传统，例如用桦孔菌来抑制细菌生长。一项新研究证实了桦孔菌中的部分活性成分可能具有药用潜力，并对这种真菌能否成为医学和生物技术的原料提出了疑问。可能再过5000年我们才会得到答案。

---

1 斑虻，双翅目虻科斑虻属（*Chrysops*）的昆虫。

2 木蹄层孔菌，多孔菌科层孔菌属的大型真菌，可以制作火绒用来引火，又名火绒菌。

3 桦拟层孔菌，多孔菌科拟层孔菌属的菌类，专门生长在桦木属（*Betula*）的树干上。

4 鞭虫，人体常见的寄生线虫，可引起鞭虫病。

顺便说一句，真菌具有药用潜力并不鲜见。真菌的种类数量极其庞大，而且其中许多有着奇异的生活方式——生活在土壤中、难以分解的木材中，或生物体内。因此，它们可能发展出独特的适应方式，可以提供应对生活挑战的解决方法。

毋庸置疑，青霉属（*Penicillium*）[1] 的物种当然是医学上最重要的真菌类型之一。该属是青霉素的起源，青霉素是有史以来发现的第一种抗生素。青霉素被认为是过去 100 年来最重要的医学突破，是真菌界给予人类最具卓越贡献的礼物之一。

对器官移植至关重要的免疫抑制剂药物环孢素，也是一个经常被提到的例子。环孢素来自一种真菌，这种真菌生活在挪威哈当厄高原的土壤中，正如沙特阿拉伯关于该药的一篇早期的文章中含糊地提到的，哈当厄高原是“挪威南部一片荒凉的无树高原”。收集土壤样本的瑞士公司 [2] 如今每年可以从药物中获得数十亿克朗的收益，这些药物是由在我们萧条、荒凉的挪威高原上发现的真菌制成的。

1　青霉属有300多个种，以腐生方式生活，生长在腐烂的水果、蔬菜、肉类和各种潮湿的有机物上。

2　指瑞士山德士公司（Sandoz），该公司的一名研究人员在挪威高原取走了一份土壤样本，从中分离出了真菌——多孔木霉，进一步分离，提纯，得到了环孢素。

红豆杉低语的智慧

这是死亡与诞生之中一个紧张的时刻
三个梦在蓝色的岩石中越过的
寂寞的地方
但当从这棵紫杉摇下的声音飘远
让另外的紫杉震动并且回答。

——T. S. 艾略特（Thomas Stearns Eliot）[1]，
摘自《圣灰星期三》（'Ash Wednesday'）

红豆杉（紫杉）通过抗癌药物紫杉醇（taxol）挽救了许多生命，紫杉醇就是用红豆杉属的拉丁学名"*Taxus*"命名的[2]。而在人类神话和文学以及实际使用中，红豆杉都有着悠久而复杂的历史。

首先，让我们回溯到40万年前的英格兰海岸。从伦敦往东有两个小时车程，现在这里坐落着滨海小镇克拉克顿（Clacton）。而在那时（更新世的间冰期之一），这里是一片肥沃的河川平原，部分地带视野开阔，部分地带则树木茂密且以落叶

---

1 托马斯·斯特尔那斯·艾略特，英国诗人、剧作家和文学批评家，1948年获诺贝尔文学奖。译文出自上海译文出版社2011年出版的《荒原：艾略特文集·诗歌》，裘小龙译。

2 红豆杉又名紫杉，紫杉醇的中文名来自红豆杉的中文别名——紫杉。

乔木为主。有古人类曾住在这里，尽管并不清楚他们是我们的哪一支近亲，但他们和我们不是同一个物种。可以肯定的是，他们身边有各种各样的大型动物，遗憾的是，这些动物我们永远都无法再见到了。考古学家发现了一些大型动物的骨头碎片，包括草原猛犸象、古菱齿象、巨型鹿、野马、两种犀牛、原牛和西伯利亚野牛。这些骨头碎片也被制成了长矛尖利的矛尖。长矛是用红豆杉制成的，它是世界上最古老的木制工具。

红豆杉木材有特殊的属性，它既结实又柔韧。在大部分滨海克拉克顿的动物都已灭绝并从欧洲消失很久之后，红豆杉仍然被制作成武器。有着 5000 年历史的奥兹冰人就携带着尚未完成的由红豆杉制作的弓，还有带红豆杉手柄的铜斧。

结实的红豆杉长弓决定了几场战斗的结果，这毫无疑问对欧洲尤其是英国的历史产生了影响。1415 年 10 月 25 日，在英法“百年战争”的阿金库尔战役[1]中，英国弓箭手的箭以致命的高效率如雨般落在了规模更为庞大的法国军队上，赢得了这场战斗。历史学家们相信，那一天，是当时的人类历史上最血腥的战斗时刻。

---

1 阿金库尔战役，是英法“百年战争”中著名的以少胜多的战役。亨利五世率领约6000名英国步兵击败了装备精良的由2万~3.6万名士兵组成的法国军队，为随后在1419年夺取整个诺曼底奠定基础。

红豆杉在挪威也派上了用场：在西部的霍达兰郡的群岛上，直到 20 世纪初，人们都在用它制成的弓箭猎杀在峡湾被捕获的小鳁鲸（*Balaenoptera acutorostrata*）[1]。

红豆杉的现代应用，即用于癌症治疗，始于 20 世纪 60 年代，当时美国国家癌症研究所与美国农业部合作，付出了巨大的努力，致力于在自然界中寻找治疗癌症的新药物。在超过 20 年的时间里，他们收集并筛选了 3 万多个物种。

1962 年 8 月里炎热的一天，这个项目中的一位植物学家正在华盛顿州的一个森林保护区，发现自己身在一株长势不佳的八米高的短叶红豆杉（*Taxus brevifolia*）[2] 下。这棵树是他采集样本以来的第 1645 株植物，他给它简单地编号为 B-1645。样本被送去进行分析，研究人员在 B-1645 的树皮里发现了一种可以阻止癌细胞分裂的物质——紫杉醇。然而，这一物质得到临床应用的道路既阻且长。直到 1990 年，基于红豆杉的活性物质才被批准用于治疗卵巢癌和乳腺癌，此后又用于治疗其他类型的癌症。迄今为止，紫杉醇是有史以来最具经济效益的抗癌药物之一。2017 年，全球的紫杉醇市场创造了近 8000 万美元的收入，在需求增长的推动下，这个数字到 2050 年还有望翻一番。而这一切都始

1 小鳁鲸，须鲸科须鲸属小型须鲸的一种。

2 短叶红豆杉，红豆杉属的一种，生长在美国西海岸，又名太平洋紫杉。

于一块树皮。

但是，紫杉醇的成功也可能是把双刃剑。短叶红豆杉以前被认为毫无价值，几乎是森林里的一种杂草。你可能会认为，这种重要活性成分的发现会带来一些改变，从而使这种重要的树种得到更好的保护。问题在于，为了从树皮中提取紫杉醇，需要将树剥皮。尽管可以将活的红豆杉立木剥皮（随后也会死亡），但实践中都会将树伐倒，有大量树木因此遭遇砍伐。分离出一千克紫杉醇需要 10 吨红豆杉树皮，相当于 3000 棵树的树皮，但这仍然只能满足全世界市场需求的一小部分。除此之外，短叶红豆杉只在美国西北海岸的天然原生林中被发现，分布零散而且数量稀少，它还是世界上生长最慢的树种之一——这些都是问题所在。

与此同时，随着紫杉醇的日益知名和广泛应用，对美国和加拿大西部海岸伐木活动的抗议也越来越多，因为这些森林是物种丰富而独特的生态系统的家园，除了短叶红豆杉以外还有许多其他的物种。很明显，必须找到生产紫杉醇的新方法。首先，在 20 世纪 90 年代，人们开发了一种利用欧洲红豆杉（*Taxus baccata*）的针叶生产紫杉醇的技术[1]，欧洲红豆杉是一种不同但更加常见的物种。后来，制药行业开发出了完全基于实验室

---

1 从欧洲红豆杉的针叶中可以提取与紫杉醇结构类似的前体，然后经过多步化学反应合成紫杉醇，这是一种半合成方法。

的合成技术来生产活性成分的技术。[1]但是短叶红豆杉和几种亚洲的红豆杉物种仍然保留在国际自然与自然资源保护联盟（IUCN）的全球物种红色名录中。

在挪威，欧洲红豆杉沿着一处宽阔的地带生长，从东挪威到阿格德尔（Agder）的南部海岸。欧洲红豆杉不在全球物种红色名录中，但在挪威被认为是易受威胁的物种，因此被列在挪威物种红色名录中。挪威西部的莫尔德市（Molde）以玫瑰、爵士乐和皇家桦树而闻名——1940年4月，国王哈康七世（King Haakon Ⅶ）和奥拉夫王储（Crown Prince Olav）为躲避德国炸弹而寻求庇护时在这棵树下留下了珍贵的影像。[2]但是莫尔德市作为另一种树的家园也值得夸耀，那种树就是世界最北端的野生红豆杉。通常来说，边缘种群（在其地理分布范围的边缘生长的个体集合）可能具有特别有趣的遗传特性。这是要在挪威保护好这一物种的另一个理由。如果你碰巧在挪威海岸见到这些零星分布、生长缓慢的红豆杉，请千万记住，除了美丽的红色假种皮[3]

1 全球已经有多个实验室实现了紫杉醇相关天然产物的全合成，但是仍有许多合成化学家致力于发展更独特的合成路线，合成生物学家也在寻求更高效的生物合成方法（类似于用酿酒酵母生产青蒿素）。

2 1940年4月，纳粹德国偷袭挪威，挪威国王哈康七世与奥拉夫王储（后来的奥拉夫五世）撤离到莫尔德市郊区寻求庇护，后流亡至英国。

3 红豆杉为裸子植物，种子外没有果皮包被，其种子外红色肉质鲜艳的部分为由珠托发育而成的假种皮。

（或种子覆盖物）外，树上的所有东西都对人和许多动物有毒。毒物和药物之间仅有一线之隔。

也许正因为它有毒的特性，红豆杉被视为“死亡之树”。古老灰暗的常绿红豆杉是墓地的常见特征。在文学创作中，例如在莎士比亚的《麦克白》（*Macbeth*）中，女巫三姐妹在她们致命的女巫魔药中就加入了红豆杉。但是这种树也可以象征生命和重生，代表生与死之间的过渡。在基督教之前的时代，凯尔特人[1]认为红豆杉（紫杉）是一种神圣的树，相信它可以将亡者的低语声悄悄带入我们的世界。T. S. 艾略特在他的诗作《圣灰星期三》的诗行间发出这样的低语：“这是死亡与诞生之中一个紧张的时刻 / 三个梦在蓝色的岩石中越过的寂寞的地方 / 但当从这棵紫杉摇下的声音飘远 / 让另外的紫杉震动并且回答。”

红豆杉也可以存活很长时间，在苏格兰福廷加尔（Fortingall）的教堂庭院里的一株红豆杉估计有2000~3000年的历史，连靠近地面的树枝都扎下了根，长成了新的树干。利用这种树的活性成分是最好的基于植物的癌症治疗方法之一，而这一事实也产生了很多象征意义。红豆杉属的物种经由紫杉醇给许多人带来了新生命。如果我们能保护好它们，这世界上的红豆杉还会在我们耳边低声倾吐多少秘密呢？

---

1 凯尔特人（Celts），古代欧洲的民族之一。

怪兽的口水帮助治疗糖尿病

我曾经忍受一小时零十四分钟的煎熬，看了一部 1959 年的黑白恐怖电影。在这部低成本的 B 级电影《吉拉怪兽巨蜥》（*The Giant Gila Monster*）[1] 中，一只发怒的庞大蜥蜴在得克萨斯州的小镇大肆搞破坏。顺便说一句，这部电影和《杀人鼩》（*The Killer Shrews*，也不是奥斯卡级别的影片）是一起拍摄的。该片的导演为一位法国的前环球小姐参赛者 [2] 挑选了 20 世纪 50 年代的印花服装以美化场景，但他没有把蜥蜴拍对。在无意间被拍成喜剧的一幕幕场景中，一只真的蜥蜴在微缩景观之中穿行，扮演主角的却是墨西哥毒蜥而不是吉拉毒蜥。[3]

吉拉毒蜥是北美最大的蜥蜴，身长大约为半米。它全身覆盖着珠状鳞片，橙黑色相间的美丽迷幻图案看起来就像是扭曲走样的蜡染花纹。另外，吉拉毒蜥还是少数几种已知的带有毒素的蜥蜴之一，它在咀嚼猎物时，下颚唾液腺分泌的毒素会渗入口腔。这一物种生活在美国西南部的半荒漠中，主要分布在从亚利桑那

---

1 Gila Monster为分布在美国西南部到墨西哥西北部的吉拉毒蜥（*Heloderma suspectum*），“monster”也是怪兽的意思，将其翻译为“吉拉怪兽”，以与本节标题中的“怪兽”对应。

2 该电影的女主演是莉萨·西蒙娜（Lisa Simone），法国人，参加了1957年环球小姐竞选。

3 墨西哥毒蜥（*Heloderma horridum*）和吉拉毒蜥，为蜥蜴目毒蜥科仅存的两个种。

州到更往南的墨西哥等地区。盗猎、建筑开发和道路建设导致吉拉毒蜥的数量正在持续下降，国际自然与自然资源保护联盟认为这种蜥蜴已接近濒危，将其列为“近危”种[1]。

作为一种被误解的、不受欢迎的生物，吉拉毒蜥有着黑暗的过去。很久以来，人们都认为它的呼吸有毒，它向猎物呼气来杀死猎物，而且它的噬咬对人类是致命的。但这些都不是真的。尽管如此，和这种生物亲密接触会痛苦异常，除了咬伤本身，毒药也在其中起了作用，就像一位用各种会叮咬的生物拍摄视频炫耀的油管（YouTube）红人[2]所说的，像“熔岩在你的血管里流过”（提醒你一下，当毒蜥出其不意地从他手指上咬下一大块时，可没有太多值得炫耀的了）。

除此之外，这种毒药会作用于产生胰岛素的胰腺。胰岛素被用于调节人体内的血糖浓度，患有2型糖尿病的患者，其胰腺产生的胰岛素太少或者不能正常工作。这种联系激起了20世纪

---

1 国际自然与自然资源保护联盟的物种濒危标准体系将物种划分为10类：①绝灭（Extinct, EX）；②野外绝灭（Extinct in the Wild, EW）；③区域绝灭（Regional Extinct, RE）；④极危（Critically Endangered, CR）；⑤濒危（Endangered, EN）；⑥易危（Vulnerable, VU）；⑦近危（Near Threatened, NT）；⑧无危（Least Concern, LC）；⑨数据缺乏（Data Deficient, DD）；⑩未予评估（Not Evaluated, NE）。

2 指Nathaniel Coyote Peterson，油管频道“Brave Wilderness”（勇闯荒野）的上传者，其所拍摄的大量自然探险以及让各种生物叮咬自己的视频，大多数是有意为之，被毒蜥咬伤则是因为拍摄时摄像机离得太近而受到了突然袭击。

90 年代一位研究人员兼糖尿病医生的好奇心。在美国政府提供的少量基础研究经费的资助下，他仔细研究了吉拉毒蜥的有毒唾液，那时他尚不知道会有怎样的惊人发现。他发现了一种名为艾塞那肽（Exendin-4）[1] 的物质，类似于人体内的一种激素。当血糖水平很高的时候（例如刚刚吃饭后），艾塞那肽可以促进胰岛素的产生，这有助于将血糖稳定在正常水平，而这正是糖尿病人所需要的。

这位科学家制作了一张学术海报，在其中描述了他的发现，并带着这张学术海报参加了美国糖尿病协会（American Diabetes Association）的年度会议。在这里，他引起了一家小型生物科技公司的注意。大概十年后的 2005 年，这种药物被批准在美国使用。许多 2 型糖尿病患者将它用作辅助治疗，由于其优点之一是效果持久，因此患者不需要经常注射。它还可以抑制食欲，因此可以帮助糖尿病患者改善体重。在 2017 年，仅在美国就为这种药物开出了超过 150 万张处方。幸运的是，虽然吉拉毒蜥处于濒危状态，但其毒液里的活性成分容易在实验室中生产，因此不需要用活蜥蜴来制造所有此类药物。

即便如此，从我们的角度来看，吉拉毒蜥在高速公路和建设项目的挤压下，仍努力坚持生活在沙漠之中，也是一件好事。因为事实证明，它的唾液还具有其他有趣的特性，例如影响记忆

1 艾塞那肽，一种由 39 个氨基酸组成的多肽，活性类似于哺乳动物胰高血糖素样肽-1（GLP-1），具有促进胰岛素分泌和控制葡萄糖的功能。

的能力。实验鼠突然获得了超级记忆，这有点儿像丹尼尔·凯斯（Daniel Keyes）的小说《献给阿尔吉侬的花束》（*Flowers for Algernon*）[1]中的情节：先是一只老鼠，然后是一个人接受了实验处理，以获得智力的提升。在现实世界里我们还没有达到那一步，但是一些制药公司目前正在研究从毒蜥唾液中提取的物质是否可用于治疗阿茨海默症、帕金森症、精神分裂症或注意缺陷多动障碍（ADHD）患者的记忆力减退。2019年的一篇摘要文章讨论了使用毒蜥唾液中有效成分的变体来治疗中枢神经系统的严重进行性疾病[2]。尽管文章指出需要进行更多的人体试验，但动物试验的中期结果显示这还是很有希望的。吉拉毒蜥绝对已经从电影反派升级成了医学巨星。

蓝血拯救生命

你可能不知道这一点，但是如果你打过针的话，你就欠一种外形像中号煎锅的浅蓝血海洋生物一份情，因为它确保了注射器

1 《献给阿尔吉侬的花束》，科幻小说，是美国作家丹尼尔·凯斯最著名的作品之一，首次以中篇小说发表即获“雨果奖”，被改写为长篇后又获得“星云奖”。小说讲述了先天弱智的主人公查理·高登和实验鼠阿尔吉侬一起接受了脑部试验，从弱智逐渐成了天才，但试验最终难逃失败的命运。

2 进行性疾病，指症状不断加重、患者状况不断恶化的渐进性疾病。

里的物质是洁净的，没有有害的细菌毒素。来介绍一下鲎这种生物：它生活在海洋里，是蜘蛛的远亲，在过去的25年间拯救了无数的生命，因为它的血液可以显示我们希望无菌的环境中是否存在细菌。

鲎（在挪威语中被称为“剑尾”）早在恐龙之前就已经生活在地球上了，而且在过去的4亿年里，它们的样子和现在看起来也差不多。虽然鲎生活在海洋中，但在交配季，成千上万只鲎会同时爬上海滩。现存的四个鲎的物种中，有一种生活在美国的东海岸，另外三种生活在亚洲。[1]完全成熟的鲎身上覆盖着弯曲的铠甲板，末端露出一根尖细的铠甲尾——尽管看上去有点像把短剑，但它的尾巴不是防御性武器，而更像是舵，可以帮助这种生物在游泳或行走时控制前进方向。如果在陆地上不巧肚皮朝上翻了过去，它也会用尾巴翻回来。

鲎用书鳃（类似于书页的大面积片状物）进行呼吸，氧气通过含铜的血液在其体内运输。这些铜化合物使得其血液具有标志性的淡蓝色。鲎的顶部整齐地分布着10只眼睛[2]，底部有10只

---

1 生活在美国东海岸的是美洲鲎（*Limulus polyphemus*），另外三种生活在亚洲的是中国鲎（*Tachypleus tridentatus*，亦称东方鲎、三棘鲎、中华鲎）、圆尾蝎鲎（*Carcinoscorpius rotundicauda*，亦称圆尾鲎）和巨鲎（*Tachypleus gigas*）。

2 对于鲎的眼睛的数量，不同学者有不同看法。头胸甲上的一对复眼和一对单眼是公认的鲎的4只眼睛，另外头胸甲上还有6只，尾部亦有感光点，其构造更简单，有的学者未将其纳入或将其部分纳入眼睛的范畴，所以对于鲎的眼睛数量有不同的说法。

脚[1]，这使得这种生物能够在红树林和浅海的泥泞中拖着脚穿行，对它将食物（各种蠕虫和贻贝）铲到嘴里也有帮助。

在中国发现了可以追溯到几亿年前的典型的鲎类生物的足迹[2]，它们完美地保存在石头中。鲎是“大灭绝”事件中少数的幸存者之一，这是2.52亿年前地球上第三次生物大灭绝，海洋里96%的物种就此遭到灭绝。“大灭绝”的起因是西伯利亚的一次大规模火山喷发所造成的海水温度、PH和氧气含量的剧烈变化。但是鲎幸存于世。循着它们的足迹，科学家可以确切地看到鲎是如何在大规模的生物死亡中一路顽强地生存下来的。

快进几亿年，来到我们自己的时代。想象一下在实验室里，戴着发网和面罩、穿着白大褂的工人并排坐在长凳上高效地工作。长凳上方是成排的被固定住的鲎，它们如铰链一般的背部和“剑尾”被塞进身体下方，这使得它们心脏周围的组织更易接触。从这里伸出的一根细细的导管被插入一个玻璃瓶中，玻璃瓶里慢慢充满了淡蓝色的液体，也就是鲎的神奇血液。这看起来像是科幻电影中的一幕〔还记得1979年的《星球大战4：新希望》（*Star Wars: Episode IV-A New Hope*）中卢克在早餐时喝的蓝色

---

1 鲎的口周围有6对附肢，第1对螯肢较小，后面5对用来步行和进食，又叫步足。这里10只脚是指5对步足。

2 指安徽南陵下三叠统青龙组鲎类足迹化石，这是我国首次发现的鲎类足迹化石。后在云南罗平发现了中三叠世安尼期的完整的鲎化石。

牛奶吗？〕，但这是鲎的一个血库，人类在其中扮演着吸血鬼的角色。

20 世纪 50 年代，人类第一次发现了鲎血的独特特性，这要归功于两位好奇的美国科学家[1]对一些意想不到的发现所进行的追踪。其中一位在研究鲎的血液循环时注意到，鲎的血液有时会形成果冻状的团块。他请来了另一位教授，研究细菌毒素及其对血液和出血的影响。

最终，两位科学家意识到，血液一旦和细菌接触就会立刻凝结。即使是极少量的内毒素（活细菌和死细菌产生的常见细菌毒素，可能导致人类发烧，甚至死亡），也足以让鲎血呈现果冻一般的粘稠状。

由于灭菌操作并不能破坏这些类型的细菌毒素，有一种能检测出细菌毒素的方法就显得至关重要了。事实证明鲎血超乎寻常地适合用于检测。用从这种活化石中取出的一点点血液，就可以测试出药物和医疗设备是否安全适用。1977 年，这种方法被美国卫生当局批准并在全球范围内应用。鲎血中的凝血剂被用来检测各种植入体、注射药物和疫苗（包括 COVID-19 疫苗）中是否存在有害的细菌污染物。这可是一笔大生意，仅一公升现成可用的鲎血的价值就达到了约 1.5 万美元。

1　分别是弗莱德里克·邦（Frederik Bang）和杰克·莱文（Jack Levin）。

在鲎血上市之前，注射制剂必须在兔子身上进行测试，这一过程不仅要花费更多时间，可靠性也相对较差。因此，新的发现挽救了成千上万只兔子的生命。这也意味着，北美和亚洲的鲎的生活变得艰难起来。

每年都有50万只美洲鲎的个体被采集，被采集的亚洲鲎个体更是不计其数。它们的血液被抽出，注入“血库”。美国对这一过程进行了规范，建立制度对血液采集量进行了限制，即只能抽出每只鲎三分之一的血液，而且必须在捕获后的72小时内将它们放归海洋。即便如此，独立研究表明，被抽过血的鲎的死亡率大约为15%，还可能会出现其他不良反应。大量的美洲鲎还被作为诱饵捕捞。[1] 世界濒危物种数据库将美洲鲎列为“易危”（VU）物种。

在亚洲，鲎的捕捞不受管制，情况显然更糟。在被抽血后，这些动物经常被当作食物吃掉，很少被放归大海。另外，它们聚集的海滩正在被开发，被用来建造房屋和酒店。[2] 结果，鲎科所有的亚洲物种都被列入世界濒危物种红色名录：一个物种被列为

1 在诱饵渔业中，鲎被用来将海螺、鳗鱼和其他物种吸引到陷阱中。

2 2021年2月5日，中国国家林业和草原局、农业农村部发布调整后的《国家重点保护野生动物名录》。其中，鲎科的中国鲎和圆尾蝎鲎升级为国家二级保护动物。在此之前，广东省将鲎科所有种全部列入其省级重点保护动物。除了本书中提到的鲎面临的威胁（取血、用作诱饵、生态环境破坏等）外，鲎还会被用于生产廉价的饲料和甲壳素。在广东，受到某些传媒和小商贩误导，甚至出现了食用鲎的嗜好（而在过去，由于鲎肉有致敏性，内脏有剧毒，较少有人食用）。

“濒危”（EN），而对于另外两个物种我们缺乏将它们归入正确的类别的足够信息（DD）。[1]

鲎的减少也对沿海生态系统中的其他物种产生了巨大影响。当鲎在海滩上浪漫约会后，数以百万计的刺山柑花蕾[2]大小的、蓝绿色的蛋被产在沙滩上。在北美，“鲎鱼子酱”为好几种从南美迁徙到北极的鸟类提供了路途中的重要能量补给。如果你是一只从阿根廷火地岛开始春季迁徙的红腹滨鹬，那你飞到特拉华州时肯定会觉得有点儿饿了。但是近年来，红腹滨鹬格陵兰亚种[3]的种群数量已经暴跌至不足1980年的四分之一，原因之一就是中转站（例如特拉华州的鲎海滩）提供的食物变少了，其他因素还包括建筑开发、干扰增加、海平面上升和气候变化等。

对鲎血的需求已经将这种古老的生物送上了灭绝之路。就像蒿草中的青蒿素、红豆杉中的紫杉醇、吉拉毒蜥唾液中的艾塞那肽，还有香草兰中的香草精[4]一样，这些活性成分的发现都使得人类对这些植物或动物的需求暴增，尽管如今我们不再依赖于这

1 中国鲎为“濒危”（EN），巨鲎和圆尾蝎鲎为“数据缺乏”（DD）。

2 刺山柑花蕾浸泡在醋或盐水中发酵后，成为地中海沿岸地区常见的一种香料。

3 原文为“*Calidris canutus rufa*”，是红腹滨鹬的六个亚种之一，这也是迁徙距离最长的一个亚种，繁殖地在加拿大北部，北至北极，越冬地南至麦哲伦海峡旁的沙滩。

4 香草精，主要成分为从香草兰的果实中提取的香兰素，是目前世界上最重要的香料之一。

些动植物本身来获得所有这些物质。我们可以在实验室中“复制”它们，除了通过化学过程，还可以通过生物技术。

数千年来，人类一直是简单的“厨房餐桌”生物技术的实践者，比如我们用酿酒酵母将谷物发酵成酒精，或者用乳酸菌酸化牛奶制作酸奶。但是真正的重大突破发生在20世纪70年代，我们学会了使用重组DNA的技术或基因剪接的方法来剪切和拼贴基因。比如，我们可以将外源DNA插入细菌或酵母的细胞中，并对它“重新编程”，为我们生产某种特定的蛋白质。近年来，新的方法（特别是被称为CRISPR技术的新方法[1]）使基因组编辑适用范围更广，操作更简单，成本更低廉。生物技术革命为医学和健康等领域提供了新的解决方案，也带来了许多新的挑战，既有职业挑战，还有最重要的道德挑战：风险有哪些？界限又在哪里？

我们现在有能力生产一种酶，这种酶可以在实验室的细胞培养物中对细菌毒素的存在做出反应，而不需要使用动物本身。这对鲎来说无疑是一个好消息。引入新的测试方法已经花费了很长时间，但是2019年底在欧洲获得批准（从2021年开始适用）之

---

1 CRISPR是原核生物基因组内的一段重复序列，广泛存在于细菌和古细菌中，用于抵抗病毒或外源性质粒的侵害。当外源基因入侵时，CRISPR序列及其相关酶（Cas）会识别并切除掉外源基因，达到防御目的。CRISPR/Cas系统的分子机制被揭示后，研究人员使用CRISPR/Cas9系统实现了高效的基因编辑。

后，这种替代方法还是有望终止捕获鲎并给它们放血的需求。只希望我们的行动还不算太晚，鲎可以再存活数百万年。

虫子药材——作为抗生素新来源的昆虫

你有秃头的烦恼吗？你渴望恢复满头浓发吗？试试用碾碎的苍蝇糊糊擦头皮吧。你有泌尿道问题吗？请在一株死掉的落叶树里找到七只家具窃蠹（*Anobium punctatum*）[1]，用牛奶将其煮沸并喝下去。历史上充满了用各种各样的昆虫帮助我们解决健康问题的古怪建议。在所有迷信和奇闻中，部分建议可能还包含些微真理。可以参考1900年出版的《德国民间医学中的动物》（*Die Tiere in der deutschen Volksmedizin alter und neuer Zeit*）中的牙痛小贴士："牙痛的人，如果他们能够帮助许多六脚朝天的甲虫再次翻过来，疼痛就会得到缓解。"听起来真是疯了，这个建议往往并没有效果。然而，某些甲虫——比如在柳树上取食的叶甲——确实会分泌一些具有温和止痛作用的物质。柳树含有一种被称为乙酰水杨酸的活性成分，我们因Disprin、Aspro Clear和Caprin[2]等药物已经对它很熟悉了。如果你将许多这类

1 家具窃蠹，危害硬木家具，为窃蠹科昆虫。

2 均为解热止疼药，主要成分为阿司匹林，即乙酰水杨酸。

甲虫翻过来的同时触摸自己疼痛的牙齿，若手指上的该物质被身体吸收了，也许疼痛真的能得到缓解。

事实上，昆虫被认为可能是未来活性药物成分的宝库。有许多理由证明这一点。一方面，昆虫是一个物种数量庞大的群体，估计有 500 万种以上。除了海洋外，它们还可以存在于几乎任何地方，而且与其他物种之间的相互作用数不胜数又相当复杂。比如说，某些昆虫可以吃掉柳树的叶子并成为一种长着六只脚的“止痛片”。另一种合作则更为重要：我们知道几个昆虫群体与细菌进行了高级的化学共生。这些细菌小伙伴会产生抗菌成分，以防御引起疾病的其他微生物的侵袭；昆虫对细菌的需要和人类对抗生素的依赖并没有太大不同。以在南美种植特殊类型真菌的蚂蚁（*Atta*）[1] 为例，这些蚂蚁体内的空洞为杀真菌的细菌提供了经过特殊设计的“温床”[2]，从而避免了其他有害真菌对其种植的真菌的污染。

另一个例子是狼蜂（*Philanthus*）[3]。它是一种胡蜂，更准确地说是一种泥蜂。乍一看，它像是一种有着规则的黄黑条纹的胡蜂，但它比较大，而且在不飞行时将翅膀停放在背部。更重要

1　指切叶蚁，它们切下植物的叶子用来种植真菌。

2　切叶蚁的嘴巴和前肢上有许多细小的腺窝，其中寄生着一种可以产生链霉素的细菌。切叶蚁在其用叶片种植的真菌周围分泌链霉素，避免环境中的杂菌污染其种植的真菌。

3　狼蜂，泥蜂科大头泥蜂属昆虫。

的是，狼蜂不满足于像胡蜂那样用小的死苍蝇来喂养它的幼虫。不，它需要的是蜜蜂，还必须是活着的蜜蜂。

狼蜂抓到蜜蜂，将它们麻痹，然后带到精心设计的沙子隧道中，把它们放到隧道末端的内庭里。三到六只蜜蜂被整齐地堆成一堆，这场景有点儿像你在上班前为孩子们在早餐桌上摆好玉米片和果汁。在摆好的早餐旁边，雌蜂产下一枚卵，这枚卵将变成一条幼虫，它会吃掉母亲为它准备的粮食。雌蜂在她的隧道系统里建立了好几个配有储备充足的食品库的婴儿室。她飞出飞进，带着新蜜蜂进来，直到为每个婴儿室都配备好了食品库。

雌蜂照料工作的最后一项任务是粉刷婴儿室的天花板，它所用的“油漆”是一种白色的半流体黏液。雌蜂将其存放在触角中的特殊腺体里，像挤牙膏一样把液体挤出来。白色的屋顶可能是一个紧急出口标志，可以帮助她的幼仔在完全发育后识别方向并找到出去的路。但是油漆的功能不止于此——它还是超级涂料，救生的涂料。

事实证明，雌蜂触角里挤出的白色物质大多是和一种细菌共同“熬成”的，这种细菌是链霉菌属（*Streptomyces*）的细菌，与狼蜂互利共生。当幼虫完全长大并准备化蛹时，它们会将这些细菌从天花板涂料里吸收到蛹中。如果你要在周围的土壤中有各种真菌和污物的潮湿洞穴里从秋天一直躺到来年春天并等待下一个夏天来临，这个主意还不赖。将链霉菌这样的“好朋友”编织到睡袋里是很有意义的，因为这种细菌会产生由各种不同的抗生素物质组成的微型混合物。这和有时人类用来防止细菌产生抗药性的综合疗法并没有什么不同。

抗生素耐药性是全球最严重的健康问题之一，由于抗生素的滥用，病原微生物具有了抵抗抗生素的能力。根据 2019 年的一项研究，耐药性细菌在欧洲每年造成 3.3 万人死亡。另一项研究估计，到 2050 年，预计因抗生素耐药性而死亡的人数将多于死于癌症的人数——多达每年 1000 万人，是今天死于耐药细菌感染的人数的 14 倍。如果当前的趋势继续发展下去，我们有可能看到我们的后代和我们的曾祖父母死于同一种疾病。

人类使用的所有抗生素中，大约有一半来自链霉菌属的细菌。如今看来，似乎从这个属的土壤细菌中收集不到更多新鲜材料了。这就到了昆虫亮相的时候了，因为链霉菌属的有用细菌也大量存在于蚂蚁、黄蜂、甲虫、苍蝇、蝴蝶、飞蛾和其他虫子的体内和体表之上。

最近有一组研究人员搜集了一千多个不同的昆虫物种，寻找新的有效成分来对付使人类患病的 24 种细菌和真菌。他们发现在抗击耐药微生物方面昆虫携带的微生物要比土壤中的细菌有效得多。对一种新的抗生素物质〔从巴西的一种植菌蚂蚁(*Trachymyrmex turrifex*)[1] 中提取〕进行的实验室测试表明，它可能会是有效的，至少对小鼠是有效的。

1　植菌蚂蚁，是皱切叶蚁属的一种。

一如制药行业长期以来的情况，获得成品药的道路漫长而曲折；但是昆虫为寻找新的抗生素提供了有希望的线索。也许这会帮助我们认清一个事实——把碾碎的苍蝇搓到我们的头皮上，并不会得到一头浓密的新头发。

当孩子们让你呕吐时

很久很久以前，有一只青蛙。1973 年，一种看似普通的灰褐色黏滑生物在澳大利亚雨林中的一条小溪中被抓住了。科学家认为它可能是一个新物种，但在拥有 240 种两栖动物的国家中，这也没什么好奇怪的（在英国只有可怜的 7 种）。这是一只雌蛙，肚子异常地大，被放在了实验室水族箱的一角。这只青蛙在森林里被抓到 19 天后，当科学家正要把她转移到一个新的水族箱时，令科学家惊讶的是，她突然反流并吐出了 6 只蝌蚪，接着在几天之后吐出了一些几乎完全成形的青蛙宝宝。

忽然之间，这只青蛙变得与众不同起来。它成了世界上唯一已知的能够吞下自己的受精卵并以胃作为子宫的物种，因此它还获得了一个非常贴切的名字：胃育蛙（*Rheobatrachus*）[1]。青蛙幼

1 胃育蛙是龟蟾科溪蟾属的两种蛙类的统称，两者都在20世纪80年代左右灭绝。

仔在母蛙的肚子里生活 6~7 个星期，从卵变成蝌蚪，再发育成长为小青蛙。一旦准备就绪，它们就会在几天之内被吐出来。在此期间，母蛙不进食，也不产生胃酸，不然的话，她的幼仔就会死在她体内。换句话说，这是一个可以切换它的胃液产生开关并且在需要的时候重新利用器官的物种。这些是医学界所感兴趣的：如果我们能找到调节人类胃酸产生的物质，那会怎样；或者弄清楚如何对一个器官重新“编程”以实现另一个器官的功能，又会怎样。

其他科学家捕捉了更多的雌性胃育蛙来记录这种奇异的现象，并在实验室里拍下了照片。当青蛙妈妈被拿出水族箱进行纪实摄影时，她的腹部肌肉猛地收缩，一群青蛙宝宝突然喷射而出。随后的科学文章一本正经地将这一现象称为“抛射式呕吐”，而青蛙宝宝着陆在大约 60 厘米开外。其他的青蛙宝宝在出口处转身并原路返回，科学家看到它们从妈妈张开的嘴巴里向外偷看，然后转过身去并迅速地被再次吞下。也许它们只是不喜欢它们所看到的，或者它们对等待自己这个物种的下场有所预知。

如果是后者，它们拒绝跳出来也就不足为奇了。这些早期的关于胃育蛙的文章都用现在时态书写，如今读来令人难过：“有一种水生青蛙——胃育蛙……胃育蛙仅在有限的区域内被发现……”但是再也不会有胃育蛙，也不会有人再发现它了。尽管进行了十分细致的搜索，但自 1981 年以来，没有人能成功找到一只胃育蛙，IUCN 宣布它已经灭绝。具有讽刺意味的是，短短几年后，在同一地区发现了一个与之亲缘关系相近的物种，也是一种胃育蛙。但是如今它也已经灭绝了。

这意味着医学科学已经失去了研究胃育蛙的胃育机制的机会，我们永远不会知道它可能会给我们带来怎样的医学发现。考虑到我们在一些更为普通的生物中发现的挽救人类生命的药物，例如中国常见的蒿草或美国的吉拉毒蜥，这确实是一个令人悲伤的事实。

没有人能说出胃育蛙为什么消失了。也许是因为它生存的河道沿岸的伐木作业，或者是逃入荒野的入侵物种，例如杂草和家猪，又或者是威胁着世界上许多两栖动物的壶菌病[1]。根据自然专家组（Nature Panel）的调查，远超 40% 的两栖动物处于灭绝的危险中。这一数值几乎是鸟类（13%）的 3 倍。

一些科学家迫切希望能够扭转这种澳大利亚小怪物灭绝的局面。他们从一些实验室冷冻室所遗弃的冷冻的蛙腿（和其他身体部位）中提取出了胃育蛙的遗传物质，并希望能够通过将其植入与该物种亲缘相近的蛙类物种的卵中，将胃育蛙复活。不过，到目前为止，这个被恰如其分地命名为“拉撒路计划”[2] 的项目的成

---

1 壶菌病是一种两栖类的传染病，是由一种被称为蛙壶菌（*Batrachochytrium dendrobatidis*）的非菌丝游离孢子真菌所引起的疾病。蛙壶菌造成了大量两栖动物的死亡。

2 拉撒路（Lazarus）是圣经人物，被耶稣从坟墓中唤醒而复活。

果只不过是一个细胞簇而已。尽管不可否认的是这很有趣，但我相信人类应该首先保护仍然活着的物种及其栖息地，其次再在这些灭绝物种复活的项目上投入大量资金。也许花大量时间在传统的栖息地保护上，你不会获得丰厚的研究资助或有威望的奖项，但你可能会拯救更多的物种。

迷你水母与不朽之谜

水螅是大众熟知的海月水母（*Aurelia aurita*）[1] 和蜇人的水母 [2] 的小而脆弱的亲缘物种 [3]，胃育蛙应该从水螅身上学一两招，因为有些水螅几乎可以永生不死。道恩灯塔水母（*Turritopsis dohrnii*）这一物种通常被称为“不朽的水母”，它可以不断重复自身的生命周期，医学界对此有极大的兴趣。

与其他大多数水螅类似，灯塔水母的生命始于一个微小的、自由漂浮的幼虫——浮浪幼虫。终于，浮浪幼虫附着在海床上，开始长成水螅体，水螅体起初就像一株小灌木，最后看起来就像

---

1 海月水母在全球沿海地区广泛分布，在挪威海岸也十分常见。

2 在挪威海岸，最常见的蜇人的水母是狮鬃水母（*Cyanea capillata*）以及一种蓝火水母（*Cyanea lamarckii*）。

3 水螅和水母同为刺胞动物门（过去称为腔肠动物门）的物种。

一叠盘子。时机成熟时，这些“盘子”就会松动，变成水母飘走。目前为止，一切正常；但是，灯塔水母并不会以水母惯常的方式长大，成熟，繁殖和死亡，而是可以跳回到水螅体阶段，重来一次又一次。它们唯一要做的就是不被吃掉，因为这会使永生的循环突然终止。这种循环就像一只鸡放弃了成长为母鸡的想法，选择变回一颗鸡蛋。

正如没有人相信科学家说他们发现了一只会在肚子里孕育蝌蚪的青蛙一样，当科学家们向世人介绍不朽的水母时，起初也没有人相信，因为这种事情听上去根本不可能实现。在生物的生命开始时，它的所有细胞都是一样的，就是所谓的干细胞；但是随着个体的成长，这些细胞逐渐分化，无法再恢复为干细胞。而灯塔水母是个例外。

科学家认为，这种奇特的水螅可以教会我们更多关于如何控制细胞、如何使身体修复受损组织的知识。最早研究灯塔水母的科学家——也是最乐观的——是一位年迈的日本研究人员久保田信（Shin Kubota）[1]，他是世界上唯一能够在实验室条件下长期令

---

1 久保田信自1976年开始研究*Turritopsis nutricula*（1857年定名的物种，又名灯塔水母）。但是从水母体变回水螅体的现象是在1988年，由意大利萨兰托大学的两名学生（克里斯蒂安·松梅尔和乔治·巴韦恩特雷略）意外发现的，后来该物种被定名为*Turritopsis dohrnii*。斯特凡诺·皮拉伊诺和福尔克尔·施密德揭开了这一现象细胞水平的机制。久保田信在实验室条件下实现了灯塔水母多次的“重生”循环。

该物种保持存活的人。他认为道恩灯塔水母也许可以揭开长生不老之谜，并且设法努力推广这种小小的果冻状生物，他甚至制作了视频为其献唱，并上传油管。

正如在陆地上对昆虫的研究不足一样，在海洋里对海洋无脊椎动物的研究也不够充分。许多科学家认为，我们会在海洋中找到未来的药物。在过去的 50 年里，人类已经从海洋物种中分离出了超过 3 万种潜在的新型活性药物成分，从而新增了 300 多项专利。2019 年有消息称，经过一年有针对性的搜索，特罗姆瑟（Tromsø）[1] 的一个研究小组在另一种小水母纺锤柏螅（*Thuiaria breitfussi*）[2] 中发现了一种全新的分子，该分子能够杀死一种具侵略性的乳腺癌细胞。海洋细菌和海洋真菌（其中有数百种生活在海洋环境中）是另外两个令人兴奋的群体，值得研究。

在世界文学最古老的伟大著作《吉尔伽美什史诗》（*The Epic of Gilgamesh*）中，人类永生的源头据说是生长在海床上的一种多刺植物。尽管灯塔水母其实是动物而不是植物，而且对人类来说，无论永生不死是可能实现的还是令人向往的，这一愿景都还很遥远，但这些距今已有 3000 年历史的泥板记录的故事仍然

---

1 特罗姆瑟，挪威特罗姆斯郡的首府。

2 纺锤柏螅，桧叶螅科柏螅属的一种，分布于北冰洋、白令海、勘察加半岛及千岛群岛。2019年，汉森等人从纺锤柏螅中分离得到了6个新的卤化天然产物，其中一种具有强烈的细胞毒活性。

有其道理：毫无疑问，海洋中存在具有改善和延长寿命潜力的物种。

让大自然“药房”的基础更牢固

穿山甲[1]是一种和猫差不多大小的动物，全身覆盖棕色大鳞片，就像动画里的一种松果。它的舌头实在太长了，长在骨盆处而不是嘴里，它先用长爪将土墩和隐蔽的洞口扒开，然后用长舌将蚂蚁和白蚁舔出来。在其他方面，穿山甲则是温顺的生物，通常在晚上活动。它们甚至没有牙齿，而是用胃里的角质刺咀嚼美味的白蚁。

但在2020年春季突然成为全球新闻关注焦点的并不是穿山甲的解剖学特征，也不是这种独特的动物濒临灭绝的事实（穿山甲属所有八个亚洲和非洲物种都受到威胁，被列在全球物种红色名录以及濒危野生动植物国际贸易公约（CITES）国际非法交易物种的数据库中），穿山甲的倍受关注，是因为它被怀疑在冠状病毒从蝙蝠向人类的传播中起了作用。

有人可能会问，一种种群数量快速下滑的濒危动物是如何与

1 穿山甲科（Manidae）哺乳动物，全球共3属，8种，均被IUCN列为易危（VU）级别以上。

人类足够密切地接触，以致成为潜在的感染途径的。答案在于迷信。在中国，穿山甲皮曾被用来制造铠甲[1]，但如今贩售穿山甲的原因则来源于固有的错误观念，即它们的甲片可作药用。除此之外，穿山甲肉还被用作高档奢华菜肴的食材。结果，无论活的还是死的穿山甲都有了出现在亚洲的露天市场上的可能，有一种声音称这可能是冠状病毒传播途径之一。

我们只能希望由此引起的关注能使这种动物有更好的继续生存的机会。从健康和动物福利的角度来看，无论如何，新型冠状病毒危机引发了人们对菜市场出售活体动物的道德伦理问题的关注。此外，穿山甲已于 2020 年 6 月从中国官方批准的药物清单中被删除。[2]

虽然穿山甲被冠以“世界上非法交易最多的动物”这一令人尴尬的头衔，但此类统计中涉及的动物远远不止它一种。在濒危和珍稀物种的非法贸易中，这些动物通常被用于传统医药，但有些动物也会被当作宠物——宠物行业是一项价值十亿美元的产

---

1 据明代茅元仪《武备志・军资乘・器械四》记载：“唐猊铠。先用透骨草五斤，萝卜子三斤为咀，入清水一百斤，煮二百沸，去渣；入川山甲五张，大同盐三斤，皮硝三斤，硝石五两，硇砂半斤；封锅严密，煮一昼夜，取开，用杓铸如牛皮厚。其样不一：如匙头、柳叶、鱼鳞、方叶、方长之类。穿作甲，轻利。南方多用。”

2 2020年版《中华人民共和国药典》由国家药品监督管理局、国家卫生健康委2020年第78号公告发布，自2020年12月30日起实施，其中不再收载穿山甲。

业。在涉及非法交易的商品中，来自濒危物种的动物活体、动物肢体、木材和植物产品，与毒品和军火一道占据首位。[1] 这种贸易与制毒业一样有利可图，但是被抓住的风险要小得多。互联网交易和移动电话使得非法交易更容易组织而且更难以追查，交易范围也在不断扩大。亚洲国家新兴的中产阶级尤其热衷于购买此类产品。但欧洲在这种贸易中也扮演了重要角色，不只是作为许多交易的中间环节。

2019 年 6 月，国际刑警组织（International Criminal Police Organization）和世界海关组织（World Customs Organization）组织了一项联合行动，以打击这种非法贸易。在 26 天内，他们没收了数只犀牛角、数百公斤的象牙、23 只活的灵长类动物、4000 多只鸟（其中许多在活着的时候就被绑住喙并塞进了瓶子）、大约 10 000 只活的龟类和 1500 只活的其他爬行动物。顺便提一句，这些在野外被捕获并沦为非法交易对象的爬行动物死亡率之高甚至和鲜切花相当。

被没收的 30 只大型猫科动物里，包括一只在墨西哥发现的被藏在卡车笼子里的白虎 [2] 幼崽（也许它正在被运往美国的途中），那里（指美国）个人私有的老虎数量显然超过了全球野生

1 非法贸易的野生动物的价值仅次于走私毒品、军火，是全球第三大走私对象。
2 白虎，孟加拉虎（*Panthera tigris tigris*）的白化变种。

虎的总数。这些生物不是用来入药的，而是地位的象征。信不信由你，据估计，仅在得克萨斯州，就有2000~5000只老虎像悲惨的巨型野猫一样被圈养起来〔网飞出品的热门纪录片《养虎为患》（*Tiger King: Murder, Mayhem and Madness*）是2020年春季流媒体服务中最受欢迎的节目之一，其中展示了许多动物所处的不人道的悲惨境地〕。据说，目前全世界只有不到4000只野生老虎。

过度捕捞和非法贸易只是对我们地球多样性的两大威胁。它们排在自然环境日益萎缩、栖息地被破坏、气候变化、生态入侵和各种污染之前。同时，毫无疑问，我们可以从自然界中找到更多有关活性药物成分的知识，然而，我们之所以持续地将这些关键物种置于危险之中，原因更多在于个人利益，而非更大的公共利益。我们还处于一个新时代的起点，在这个时代，我们可以利用生态学知识在自然界中找到新的生物活性物质，然后在实验室中合成它们。这使得我们有机会在保留野生种群的同时生产药物。但是我们必须意识到，实现这一点的前提是将新发现的基础——物种多样性的保护工作——做得更好。据估计，由于我们轻慢地对待地球“药房”，如今我们每隔一年就会损失至少一种重要的新药。

5

纤维工厂

制药业并不是唯一一个在自然界搜寻资源和有效成分的行业，工业和技术行业也在做同样的事情。日常生活的方方面面都用到了植物，特别是树木产生的不同类型的纤维。衣服，家里的墙壁、书架、书本，冬天在客厅用来取暖的柴火，这些全部来自大自然的“纤维工厂”。但是，天然纤维也有另外一些不太明显的用途：用作香草冰淇淋的香料或养殖鲑鱼的饲料。其间有很多值得发现的东西，特别是树木和真菌之间的相互作用——这个过程为发现使用天然纤维的新方法“投下一束光”（无论是在字面意义上还是比喻意义上）。

从毛绒绒的种子到令人喜爱的面料

你听说过锦葵[1]吗？也许你有点儿纳闷，不过这和你在篝火旁烤的棉花软糖[2]并没有什么关系。锦葵是一个植物的科的名字。而且你在阅读这本书的时候，很有可能穿着至少一件来自锦葵科的植物纤维做成的衣服。这种纤维延绵不绝地贯穿了我们的历史，从巴基斯坦一个有着8000年历史的古墓（人类已知的棉纤维最早出现的地方），到工业革命的萌芽阶段，再到如今对环境造成破坏的纺织工业。当然，我指的就是世界上使用最广泛的纤维作物——棉花。

我们不知道棉花最初生长在哪里，但我们知道世界上不同地区相互独立地使用了不同种类的棉花，包括梅尔伽赫（Mehrgarh）文明（位于今天的巴基斯坦）。梅尔伽赫是南亚地区最古老的考古遗址之一，那里发现的农业和畜牧业遗迹可以追溯

1 锦葵，锦葵科（Malvaceae）植物的统称。

2 挪威语中棉花软糖为"marshmallow"，含有"mallow"（锦葵）一词。其实"marshmallow"一词和锦葵本来是有关联的，它指锦葵科的一种植物——药蜀葵（*Althaea officinalis*）。原先这种植物被用作药物，到19世纪，法国人发明了把蛋白、水、糖和磨碎的药蜀葵根搅在一起制成的甜食，也就是我们熟知的棉花软糖，后来在商业生产中明胶取代了药蜀葵根，自此棉花软糖和锦葵就没有什么关联了。而在中文里，无论是棉絮状的用小棍拿在手里的棉花糖，还是块状的柔软有弹性的棉花软糖，通常都叫作棉花糖。这里翻译为"棉花软糖"，以示区分。

到公元前7000年。

这个人类坟墓的遗址告诉了我们很多事情。例如，我们可以在这里找到世界上最早的牙医学艺术实例：9个可怜的家伙——4名女性、2名男性，还有3人性别不明，他们的牙齿上有明显的被钻孔的痕迹，显然是用某种火石工具钻的。在另一个较早的坟墓中躺着一位成年男子和一个约两岁的孩子，男子的左手腕上戴着8个由铜珠串成的串珠手链。分析表明，这些铜珠每一颗都含有残留的棉纤维，是连接它们的绳子的剩余部分。这是已知的人类使用棉花的最古老的例子。

几乎同样引人瞩目的是，在另一个遥远的地方——秘鲁，出土了保存较好的具有6000年历史的蓝白色图案的棉布编织碎片。在这里，人们将棉花用于制作渔网和纺织品。棉纱的蓝色显然来自靛蓝植物[1]的染料。

绵羊的羊毛在欧洲的应用很广泛，但棉花必须进口。也许是因为中世纪的欧洲人极少见过棉花的植株，所以一个奇特的传说流传开来——一种能长出羊毛的植物生长在亚洲的偏远地区。传说的一个版本将棉花描述为"一种像绳球[2]一样的植物和绵羊的

---

1 靛蓝植物，可以提取靛蓝染料的植物的统称，有木蓝（*Indigofera tinctoria*）、马蓝（*Strobilanthes cusia*）、蓼蓝（*Persicaria tinctoria*）、菘蓝（*Isatis tinctoria*）等。其中菘蓝、马蓝的根即我们常见的中药板蓝根。

2 绳球，一种游戏，用绳将小球系在木杆上，两人用手或木棒反向击球，看谁先将绳完全绕在木杆上。

混合体”：传言有一只活的绵羊生长在结实的茎秆顶上，有血有肉，当然还有羊毛。这种茎秆是茎和脐带的结合体，有足够的柔韧性，因此绵羊能够在茎秆伸展的范围内在地面上吃草。这个传说直到18世纪前后才消失。

棉花在近代的历史中也发挥着作用。想想它在美国的种植园奴隶制或英格兰的工业革命中所扮演的角色，工业革命的开端就是在棉纺织品的生产中使用纺织机（如珍妮机）[1]。

当你穿上牛仔裤时，实际上是穿上了一条由干燥的植物果实制成的裤子。棉纤维是从棉花种子中长出来的长长的白毛。每根白毛是一个单一的长细胞；一个种子可以产生1万~2万根这样的种子毛。许多植物的种子都长着绒毛或软毛——想想羊胡子草（*Eriophorum*）[2]或为人所熟悉的蒲公英毛绒绒的脑袋，但棉花的性质是独特的。在世界上所有植物绒毛中，棉毛是唯一一种在干燥状态下同时具有长度、强度和三维结构的绒毛，因而可以被纺成线或纱。尽管如此，我们还会使用诸如亚麻（*Linum*

---

1 珍妮机，18世纪60年代，英国纺织工人詹姆士·哈格里夫斯发明的手摇纺纱机，一次可以纺出多根棉线。

2 羊胡子草，莎草科羊胡子草属植物。

usitatissimum)[1]、汉麻（*Cannabis sativa*）[2]和竹子等植物的茎和叶制造纺织品。

棉纤维可以吸收多达自身重量25倍的水分，而且在湿润时会变得更坚固。这就是为什么我们不仅在衣物上使用它，还在绷带、生态卫生棉、毛巾和钞票上使用它。挪威纸币上鳕鱼和维京船的图像就印在棉纸上。挪威银行认为，这更有利于为纸币赋予防伪特性。

如今所有纺织品中有一半含有棉花。在过去的30年里，棉花的种植面积一直是相对稳定的，约为世界农业用地面积的2.3%。在这一时期，由于采用了更加集约化的耕作方法，棉花产量几乎翻了一番。但是棉花生产并不是特别环保，因为生产过程中要使用大量的水、肥料和杀虫剂。棉花这种植物需水量很大：生产1公斤棉织物至少需要1万升水，而这些水只够制造一条牛仔裤和一件T恤。

仅就杀虫剂的销售而言，其总销售量的14%就完全用于棉花种植（2009年的数据）。而且，现在种植的大部分棉花都是转

1　亚麻，亚麻科亚麻属植物。

2　汉麻，桑科大麻属植物，又名线麻、寒麻、火麻、大麻、魁麻等，此处指工业大麻。根据国际与国内的监管标准，致幻成瘾的毒性成分低于限值的大麻才被视为工业大麻，又称汉麻。工业大麻被认为不具备毒品利用价值，可用于纺织、造纸、食品保健、化妆品、生物医药、建材等行业。

基因的，其影响还存在很多争议。同时，大规模的棉花种植保障了许多人的工作和收入：棉花行业涉及的从业人员超过 2.5 亿人，如果将纺织业人员也包含在内的话则会更多。现在的挑战是在生产中使用更少的水和有毒化学物质，令其生产过程更为环保。尽管英格兰银行已经开始用塑料钞票取代棉纸英镑，但出于 8000 年的使用历史，棉花不太可能在短时间内就过时。

家，甜蜜的家

2019 年夏季，我在教授一门有关枯木中生物多样性的课程。这是挪威和俄罗斯的大学之间的一个合作项目，在沃罗涅日自然保护区（Voronezh Nature Reserve）开展，这里靠近俄罗斯西南部的同名城镇。在这趟引人入胜的旅途中，我坐上了俄罗斯的夜间火车，遇到了许多有趣的人。有两件对我来说最有意思的事：一是看见了雄锹甲[1]，那些上颚几乎比它们的身体都要长的巨大甲虫，在一棵老橡树的树干上展露无遗；二是参观了当地的早期人类历史博物馆。

---

1 雄锹甲，昆虫纲鞘翅目锹甲科（Lucanidae）的昆虫，雄虫的上颚特别发达，呈鹿角状。

科斯通基（Kostenki）博物馆的外观远远谈不上壮观：一个方块造型的建筑物有如从天而降，降落在一座俄罗斯村庄的中部，在小小的、破败不堪的房屋和一些不大的土地地块之间看起来就像一座挪威的建筑物资仓库。但是不要被它的外表欺骗了；这个博物馆建在另一座建筑物之上，而下方的建筑物已经在这里存在了 2 万年。那时，这片地区是一片草原，被多年冻土覆盖得很严实，几乎看不到一棵树。那么，当时的人类是用什么来建造房屋的呢？自然是猛犸象的骨头。

在科斯通基博物馆里，我凝视着出土的圆形房屋的遗迹，或者不如说是用骨头制成的帐篷。帐篷的框架由猛犸象的骨架堆叠而成，用木材加固，然后以驯鹿皮覆盖之，形成一种传统的萨米帐篷[1]。科斯通基（在乌克兰语中是“骨头”的意思）周围的地区是迄今为止在欧洲发现的最早的现代人类[2]遗址之一。4.5 万年前，猛犸象猎人就已经在此居住了，这里到处都是猛犸象和人类的骨头。

骨头、兽皮和木材形式的建筑材料是大自然为人类提供商品和服务的有形例证。自出现地穴房屋（用木头和草皮搭建框架的

1　萨米帐篷（Lavvo），北欧的萨米族人在跟随驯鹿群时使用的临时住所，用三根或更多的叉杆形成三脚架状的支撑结构，不需要中心杆或任何线绳提供支撑或固定。

2　人类进化史分为南方古猿阶段与人属阶段。人属包括智人、能人等物种，但最终只有智人幸存。现代人类属于晚期智人。

下沉式房屋）的石器时代以来，挪威人一直在用木材建造房屋。挪威有许多此类石器时代房屋的遗迹，而且相比北欧其他任何地方，挪威的房屋保存得最为完好。2017 年的一篇博士学位论文表明，其中一些房屋经过维护，已经持续使用了千年以上。

后来出现了更先进的技术，以木柱作为承重结构，应用这一技术的有青铜时代和铁器时代的长屋，还有我们认为在挪威建造的多达上千座的木构教堂（其中有 28 座留存至今）。在中世纪，构建木质建筑的技术已完全成熟。挪威人继续使用木材建造房屋，这些城镇后来也逐渐发展壮大，直到 1904 年，出现了一个历史性的转折点。木头房子有一个主要缺点，即它们会燃烧起火。1904 年 1 月 23 日星期六凌晨 1：45，奥勒松（Ålesund）[1] 的罐头厂响起了火警警报。15 个小时后，一场大火使得 1 万人无家可归，这激起了全欧洲人民如潮水般的援助，从德国皇帝到女演员莎拉·伯恩哈特（Sarah Bernhardt）[2] 都向受灾难民伸出了援助之手。奥勒松的这场大火促使了一项新法律的颁布——砖砌法案（Murtvangloven）[3]，该法律要求挪威城镇中心的房屋必须用石

---

1 奥勒松，挪威西部的港口城市。

2 莎拉·伯恩哈特，19世纪和20世纪初法国舞台剧的电影女演员。

3 “Murtvang”来源于克里斯蒂安尼亚（Christiania）的砖墙（murtvangen）。克里斯蒂安尼亚是挪威首府奥斯陆在17世纪至20世纪初的旧称。在1624年的一场大火中奥斯陆被夷为平地，国王克里斯蒂安四世下令在新址用砖石修建一座新城，并以自己的名字命名。

头建造。

鉴于我们目前对环境和包含防火在内的新建筑技术的关注，木材作为一种建筑材料正在挪威和世界其他地区复兴。了解到混凝土是全球 8% 的二氧化碳排放的原因后，寻找更可持续的建筑材料这一行动被赋予了高优先级。2010 年，日本颁布了一项新法律，规定所有新建的三层以下的公共建筑必须使用木材。但是，在楼层数方面，我们没有必要如此保守——高层建筑也可以使用木头搭建。世界上最高的木制建筑之一——中国的一座 67 米高的佛塔[1]，自 1056 年以来一直屹立不倒，并在几次大地震中幸免于难。

现在，所谓的“木质摩天大楼”（Plyscrapers）已成为建筑界的最新热点。挪威拥有目前世界上最高的木制建筑：位于挪威东部布鲁蒙达尔（Brumunddal）的 Mjøs 塔。它建成于 2019 年，共 18 层，高 84.5 米。这个记录它能保持多久仍然是个未知数，因为其他几个国家也在考虑兴建类似的建筑。但是天然的木材仍然是赢家：世界上最高的树——加利福尼亚州的一株巨大的北美红杉（*Sequoia sempervirens*）[2]——净高足有 115.86 米。

---

1 释迦塔，位于山西省朔州市应县城西北佛宫寺内，俗称应县木塔，是中国现存最高、最古老，且是唯一的木构塔式建筑。2016年，释迦塔被吉尼斯世界纪录认定为世界上最高的木塔。

2 北美红杉，杉科北美红杉属植物，原产美国加利福尼亚州海岸，我国上海、南京、杭州引种栽培。

借着真菌灯的光束

亲爱的，今晚我借着五个蘑菇的光给你写信。

——美国驻新几内亚的战地记者给妻子的一封信

我很荣幸能够不时参加由挪威国家广播电视台制作的一档广播节目。这是一个颇受欢迎的科学节目，名为《亚伯塔》〔Tower of Abels，以著名挪威数学家尼尔斯·亨亨里克·阿贝尔（Niels Henrik Abel）的名字命名〕，听众会发送问题请我们回答。2019年春季，一位95岁的听众发来了一个问题。他住在挪威西海岸的克里斯蒂安松（Kristiansund），第二次世界大战爆发时才16岁。就是在那个时候，他看到了自己永远无法忘怀的东西。1940年德国入侵挪威期间，克里斯蒂安松遭受了大规模的燃烧弹袭击，沦为烟雾笼罩的废墟。和这座城市里其他许多居民一样，他被疏散到蒂斯特纳岛（Tustna）努尔莫勒（Nordmøre）附近的一个岛屿上。当轰炸机在头顶轰鸣时，他在那里经历的场景令他在往后长达79年的时间里反复思量。

接下来就是他讲述的故事。他走进村庄，回到了农场，时间很晚了。他在黑暗的车棚里停放自行车时，看到角落里的柴堆发出奇异的光。“在我的记忆中，从地面到地面以上大约30厘米之间，木头都泛着蓝色的光。我记得它在一闪一闪，像是有生命似的。那种光芒是如此美丽，又似乎带着神秘感，只有离地面 30 厘米的高度之内是发光的，其余的木头是正常的。”

我相信这一定是一种被称为“荧光木”的现象，而真菌是这种奇异光亮的来源。因为尽管真菌无法进行光合作用，有些物种有时却可以反其道而行——将有机物质（例如木材）分解，产生二氧化碳和光。光来自一种携带能量的分子，称为荧光素（luciferin）。它的名字来自拉丁文的“*lucem ferre*”，意为“光的使者”，尽管我们现在倾向将这个词与魔鬼、堕落的光明天使路西法（Lucifer）联系起来。当萤光素遇到一种萤光素酶时，就会释放出光能。

我们已知大约 75 种发光真菌，其中大多数分布在热带地区。同样的生物荧光现象也发生于其他许多生物中，包括萤火虫和发光虫（*Lampyris noctiluca*）[1] 等昆虫；还存在于许多海洋生物中，特别是在海洋幽暗的深处的生物。在海洋中，各种生物利用光进行交流，吸引猎物或吓跑敌人；而在真菌中发生的荧光现象的功能仍不明确。有一种观点认为，光在一定程度上起着吸引昆虫的作用，昆虫可以帮助传播真菌的孢子；还有一种观点认为，光的功能是吓跑真菌的取食者；第三种可能性是，光只是一种副产品，没有任何明确的生态功能。

1　鞘翅目萤科的昆虫通常俗称萤火虫。发光虫也是一种欧洲常见的萤科昆虫。

这种在生物体中产生的光的特殊之处在于它是冷光，不会辐射热量，与燃烧的木材或加热的金属（例如白炽灯泡中的灯丝）不同——毕竟燃烧自己的身体没有多大意义。

在过去，人们想照亮一些特别不希望遇到火的地方时，这种老式的冷光灯很适用。因此，在16世纪初北欧地区的古老历史作品中，人们利用成捆腐烂的发光的橡树皮在黑暗中照亮通往干草棚的路，这一举动是很合乎逻辑的。

荧光木在战争中也有其用处。第一次世界大战期间，战壕中的士兵们在夜间将发光的腐烂木头绑在头盔上，以免在黑暗中撞到彼此。第二次世界大战期间，美国士兵在亚洲的丛林中夜间巡逻时也采用了同样的做法。实际上，一名被派驻到新几内亚的美国战地记者甚至借助5个发光的蘑菇给他的妻子写了一封信。

其他时候，荧光木则是个麻烦。在伦敦停电期间，泰晤士河沿岸的木材堆场发出的光芒是如此耀眼，以至于防火检查员不得不用防水油布遮盖住发光的木头。

使用荧光木的有趣例子可以追溯到18世纪70年代的美国独立战争期间。美国发明家大卫·布什内尔（David Bushnell）设计了世界上第一艘潜水艇“海龟号”（*Turtle*）。他计划用它在水线以下将炸药装在敌舰上，以打破英国对波士顿港的封锁。1775年，布什内尔在他的一封信中对潜水艇中荧光真菌的利用进行了描述：“在内部固定有气压计，通过气压计可以知道潜水艇在水下的深度；通过指南针可以知道驾驶的路线。气压计内部和指南针的指针上装有狐火，即黑暗中发光的木材。”优秀的老布什内尔的创造力值得认可，但不幸的是荧光木的表现不太理想。在随后的一封信中，他描述了指南针的指针停止发光的情况。显然，这一小块荧光木中的条件对真菌来说太干燥或太冷了。

我们知道有一种可以发光的真菌是蜜环菌（*Armillaria*）[1]，一个广泛分布在整个北半球的真菌属（顺便说一下，这个属可能包含了世界上最大的生物体——俄勒冈州的一种地下蜜环菌，它们覆盖了大约 10 平方公里的区域）。蜜环菌可以作为寄生物在活树上生存，在树皮下形成长达一米的黑色丝线，看上去像是扁平的甘草“鞋带”糖。产生光的过程显然集中在这些黑色丝线的末端。

在挪威所处的纬度，在荧光木背后发挥作用的生物可能就是真菌了——这也是我给那位听众的答案。他一辈子都在思考究竟是什么照亮了 1940 年 4 月夜间的车棚。我倾向相信柴堆中的木头是新鲜潮湿的，并完全布满了蜜环菌的菌丝。黑暗的木棚和发光的真菌给那个少年留下难忘的一瞥，让他瞥见了大自然本身的魔力。

1　蜜环菌，膨瑚菌科蜜环菌属真菌。

鸡油菌聪明的表亲

几年来我一直在寻找发光的蜜环菌，但是一无所获。在找寻蜜环菌的同时，找到食用菌也令我感到满足，这是一种专注的体验。在美丽的森林中进行一场秋季采蘑菇之旅，会让我彻底忘却一切。我就像着了魔似的，一点一点往前走啊，走啊……满心希望看到一簇淡橙黄色的鸡油菌（*Cantharellus*）[1]向我闪耀。我对蘑菇的狂热仅限于这个庞大而复杂的王国的一小部分，主要集中在鸡油菌、美味齿菌（*Hydnum repandum*）[2]和美味牛肝菌（*Boletus edulis*）[3]上。但是秋天在森林里远足的部分乐趣，也来自寻找并对其他所有被发现的菌类发表高谈阔论。

真菌是相当令人着迷的生物，在我看来，它们的吸引力仅次于昆虫。有许多人可能觉得真菌界与植物界密切相关，这也许不足为奇，因为这两个类群在外观上有相似之处；你在森林中采摘的鸡油菌是真菌的繁殖器官，就像花是植物的繁殖器官一样；真

---

1 鸡油菌，鸡油菌科鸡油菌属真菌，是一类重要的食药用菌资源，大多数种类营养丰富、美味可口。鸡油菌具有杏香味，因此也叫杏菌。

2 美味齿菌，齿菌科齿菌属真菌，可食用，味道鲜美。

3 美味牛肝菌，牛肝菌科牛肝菌属真菌。美味牛肝菌是由法国植物学家皮埃尔·比尔亚尔（Pierre Bullard）于1783年发现、记录并命名的，后被称为“真菌之父”的瑞典博物学家伊利阿斯·马格努斯·弗里斯（Elias Magnus Fries）在1821年命名为“*Boletus edulis*”。其中拉丁文“*edulis*”意为“可食的”。

菌体的主体由菌丝体或菌丝的网络构成，至少从表面上看和植物的根系完全相同；真菌和植物都是静止的生命，并且像植物一样，组成真菌这一有机体的是许多较为相似的模块（而动物的身体通常由并不重复的、专门化的器官组成）。这些模块共同构建起一个庞大的表面，无论有机体是否需要进行光合作用或获取足够的食物，这块表面都很有用——它不必通过追逐才能得到食物。

然而，如果你透过表面看本质，很显然，真菌与动物有更多共同点。正如我学生时代的一位教授喜欢说的那样，真菌实际上是一种从里向外翻转的动物，它们不进行光合作用，而是像动物一样，依赖于分解植物累积的生物质。但是，真菌不依赖于肠道系统进行内部消化，而是进行外部消化——它们的胃在外面。真菌从其身体表面释放出消化酶，从而分解周围的生物质，然后通过细胞壁将营养吸收进其体内。使用 DNA 考察亲缘关系的新方法还成功证明了，与植物界相比，真菌更接近动物界。当林奈将真菌归入动物界并将其命名为“混沌”（*Chaos*）的一个属时，这位分类并命名了大量物种的杰出前辈和自然科学家的猜想，也许比他所认为的还要正确。

除了令人着迷的生活形态外，真菌还与我心爱的昆虫有一项共同的特征：这两个群体的物种丰富多样。仅在挪威，我们就了解到 8418 种不同的真菌种类，并计算出大概还有一半数量的物种存在。你绝不会在森林中看到其中大多数的一丝踪迹，但这并不意味着它们无关紧要。恰恰相反，在昆虫和细菌的共同帮助下，一些真菌有助于分解野外的各种生物残体。这是一项至关重要的工作，可以实现氮和碳的循环利用。另一些真菌是海绵动物[1]和寄生者，虽然他们不在乎宿主是否已经死亡，但也会乐于攻击活的动植物。我们可不喜欢这类真菌，例如脚藓。第三种类型是菌根真菌（mycorrhizal fungi，这个奇特的单词，第一次写时很容易拼错，它来自希腊语单词“*myko*”，意为“真菌”，“*rhiza*”则意为“根”）。这些真菌就像真菌世界对外向的、社会性个体的回应，它们与植物的根系永远共存，照管着大自然的地下网络。通过自身的“木联网”（Wood Wide Web）[2]，树木和其植物可以以某种类似于信息交流的形式交换营养和化学物质。

第一种类型的真菌，也就是分解者，包含许多已被证明对工业有用的真菌。请允许我介绍一下波宽瓶小囊孔菌（*Obba rivulosa*），我认为它是鸡油菌聪明的表亲之一。这是一种白腐真菌，生长在枯死的树木上（包括针叶树和落叶阔叶树种），通常在被

---

1 海绵动物，多孔动物门的统称，是动物界最原始的多细胞生物，与真菌是不同的类群，这里应该指的是与海绵共生的真菌。

2 万维网为“World Wide Web”，意为“世界互联的网络”，作者将第一个词改为“Wood”（树木），指植物之间互联的网络。

森林大火部分烧焦的树木上生长。在木材表面形成的真菌的子实体呈弥漫型的黄白色簇状，有明显的孔。它看起来就像一团干泡沫塑料。也许它没有美丽动人的外表，但如果美丽来自内在，那么这个物种无疑有它的魅力。

事实证明，我们小囊孔菌的食欲非比寻常，它所含的酶可以选择性地分解木材中一些最不适合食用的成分（要是你忘记了自然科学课上所学的，那就复习一下：酶是一种生物物质，可以加速动植物体内的各种反应）。更重要的是，即使在低温下，小囊孔菌的酶也可以很好地完成这项工作。这是个好消息，因为它减少了纸张生产中的能源消耗和浪费。2003 年，芬兰科学家就小囊孔菌的酶的工业用途提交了一项专利申请。

挪威没有波宽瓶小囊孔菌，但有另一种白腐真菌，硬毛粗盖孔菌（*Funalia trogii*）。它是一种米白色的、毛茸茸的、蓬松的木腐真菌。它可以通过分解枯死的杨树而存活，这一过程同样涉及特殊的酶，即漆酶（laccases）。受到真菌界和硬毛粗盖孔菌的启发，工业界目前大量使用漆酶来清洁有色和有毒的废水，分解炼油厂中不需要的副产物，以及漂白纸浆。

硬毛粗盖孔菌甚至可能还有更多的神秘技能。在实验室条件下，这种真菌的一种提取物已被证明能够杀死癌细胞而不会损害正常细胞。与之有关的癌症大多属于激素依赖型[1]，例如乳腺癌、

1　激素依赖型癌症，指癌细胞的生长繁殖受激素影响的癌症，如激素依赖型乳腺癌，体内激素与癌细胞的激素受体结合，刺激癌细胞不断增殖。

卵巢癌和睾丸癌。正是硬毛粗盖孔菌的超级酶——漆酶——的变体完成了这项工作，尽管研究人员尚未弄清楚其工作原理。来自另外少数几种木腐真菌的漆酶的其他变体也引起了人们的关注。

在此我必须立即指出，许多潜在的活性药物或生化成分没能通过艰难崎岖的医疗用途批准过程，有的被证明利润太过微薄，无法在工业上量产以作商业用途。重要的是，比起将鸡油菌塞满我的篮子，森林中还有许多未开发的资源——非常多。

篝火晚会

森林里包罗万象，仅仅是树木就提供了巨大的可能性。我们已经讨论过建筑材料，另一个显而易见的产品就是木柴。

对火的控制和从干燥、死亡的有机材料（如树枝、草或动物粪便）中提取能量属于人类最早、最基本的创意发明。篝火为人类带来了光明和温暖，驱散野生动物，并使人类拥有了新的食谱——烤过和煮过的食物。最后，为了改善放牧的环境或清理农田，人类还主动使用火来塑造景观。

迄今为止，来自纤维的能量仍然很重要。在全球范围内，有超过 20 亿人靠木材获取能源。2018 年，挪威使用的能源中约有 8% 来自各种类型的生物燃料，其中足有三分之一来自木柴，其余的来自生物质颗粒燃料、木屑和液体生物燃料。

顺便提一下，你知道如何检查桦木柴是否干燥吗？方法是在木柴的一端涂上一层薄薄的洗洁精和水的混合物，然后在另一端吹气，看看是否可以吹出泡泡。桦木里包含了细小的开口木管，彼此堆叠，就像一根长长的吸管。当树还活着时，这些管道将水从根部输送到树冠。在新鲜的桦木中，由于木管中有残留的水，气体通过它会比较困难；但如果木材是干燥的，空气将直接穿过木材，在另一端产生小小的泡泡。

我喜欢用燃烧的木材取暖。在我小时候待过的小屋中，卧室的柴炉有用透明云母做成的窗户。我躺在上下铺单人床的下铺，在柔和的、闪烁的火光中，我想象着在上铺的横梁和木板中窥见一些面孔，它们变得鲜活起来。在这些木头生灵的陪伴中，在隔壁房间传来的大人的低沉而令人安心的说话声中，在昏暗的光线下，我幸福地沉入梦乡。

当我凝视着篝火的火焰时，我的内心一片清净明朗。人类已经不再擅长无所事事了，而篝火可以让我们安静地坐下来，让思绪如挣脱束缚的山间猎犬般飞驰，让它们启程。它们也许一开始会循着路奔跑，但是后来它们会变得更大胆，改变方向，一溜烟跃过帚石南（*Calluna vulgaris*）[1] 和小山坡。直到嗅到一些激动人

---

1 帚石南，杜鹃花科常绿小灌木。

心的发现时，它们才会突然停下来，不像奔跑时那样躁动不安。在篝火熄灭、灰烬尽显之前，思绪回到我们的身旁，静静地落在脚边，归于宁静。

在凝视篝火时，你和你的祖先建立起了牢不可破的联系，你此刻所做的和他们在数十万年中所做的完全一样。它还使你与光合作用——日常在大自然中发生的基本物质转化过程——关联起来。因为当你将木柴架到火上，火焰腾起时，你所看到的、感觉到的就如同迟来的阳光。太阳能、二氧化碳和水是生物量积累的来源，生物量的积累所形成的就是“植物体”本身，也就是树干。而现在，你正在将阳光再次释放出来。

云杉：给食物调味和饲养鲑鱼的针叶树

想象一下，一截刚刚被砍下的挪威云杉（*Picea abies*）[1]的树干，其中足有三分之一注定会变成木板、刨花板等；其余部分会变成纸、纸浆、燃料和其他许多生物化学物质，这些物质转而又会被用于生产从牙膏到混凝土的各种事物。从一截云杉原木可以联想到的东西真是令人难以置信，还包括香草精和动物饲料等产品。

---

1 挪威云杉，松科云杉属植物，又名欧洲云杉。

香草精最初来自香草荚——一种美丽的浅色兰花的种子荚（正式的名称为“蒴果”），这种植物生长在墨西哥及墨西哥以南的地区。托托纳克人（Totonacs）是墨西哥东部沿海的原住民，显然是最早采摘香草的部族。他们有一个关于香草起源的传说：在神话时代，有一位珍娜（Xanat）女神，她是生育女神的女儿，在人间行走时爱上了一个凡人，但由于她是神明，他们无法在一起。她的心中充满悲伤，变成了我们熟知的香荚兰（*Vanilla planifolia*）[1]，在托托纳克语中它仍以她的名字命名，即“Xanat”。这使得珍娜能够留在大地上，以她无与伦比的美丽为她深爱的人带来喜悦，同时又给其他人带来了香草的芳香和风味。

16世纪初，阿兹特克人（Aztecs）征服了托托纳克人的领地，并要求托托纳克人进贡香草荚。当西班牙征服者科尔特斯（Cortés）抵达阿兹特克人的首都时，他受到了香草味可可饮料的招待。欧洲人就这样第一次发现了这种味道。

直到19世纪中叶，托托纳克人一直是世界上最主要的天然香草生产者。然后，在多年努力仍无果之后，法国终于成功地在印度洋殖民地留尼汪岛（Réunion）上种植了香荚兰，以生产宝贵的种子荚。你会发现香荚兰与传粉昆虫配合得不太顺利。在墨

---

1 香荚兰，兰科香荚兰属植物，俗称香草。

西哥，它是由玛雅黄蜂属（*Melipona*）——一类无尾针的社会性蜜蜂来授粉的。在印度洋的岛屿上找不到这些蜜蜂，因而香荚兰得不到授粉。第一个借助草秆对香荚兰进行手工授粉的人是一名12岁的奴隶。

但是，即使对这种技术进行了改进，我们也要对它保持警惕和耐心，才能种植出完全成熟的可供出售的香草荚。女神的女儿降临人间的时机稍纵即逝——香荚兰的花朵一天之后就凋谢了，而且种子荚的后续处理十分复杂，需要耗费几个月的时间。要生产1公斤的天然香草精，总共需要4万朵已授粉的香荚兰。人们积极寻找更简单的获得风味的方法也就不足为奇了。

19世纪末，赋予香荚兰香味的物质——香兰素——被分离出来，其化学结构也被确认。从那时开始，合成这种成分不用再花费很长的时间：起先是用松树皮，后来从丁香油开始，经过一定的工艺进行合成[1]。现在仍然由这种方法生产的香兰素不到世界上全部香兰素产量的1%。有一种使用比例很小但仍在增长的方法，就是用稻壳发酵。世界上绝大多数（约90%）的香兰素是由石油制成的；而在挪威，有较大的份额（约7%）是由云杉制成的。

---

1 1874年，德国科学家蒂曼和哈曼发现了香兰素的化学结构，并从松树皮中提取松柏苷合成了香兰素；另一种合成工艺中，丁香油中提取的丁香酚也可以合成香兰素。

在这种生产方式中，香兰素不过是造纸业的副产品。直到2020年，在挪威东南部的萨尔普斯堡（Sarpsborg），也是我的出生地，世界上唯一以这种方式生产香兰素的公司成立了。它正在努力提高产能，因为全球对香草精的需求正在增加，而天然来源的香草荚只能满足世界需求的1%的三分之一！

就算你的冰淇淋中有小黑粒，也不能保证它的风味来自香草荚。即使这些种子是纯正的香荚兰的种子，它们也可能完全没有味道，而只是纯正的香荚兰提取过程中的废料。这些种子和用石油或木刨花制作的香兰素一起被添加到冰淇淋中，纯粹是为了达到视觉效果。

那么，来自云杉木片的香草味道和香草荚的完全一样吗？毕竟，无论其来源如何，纯的香兰素都是完全相同的化学物质。但是，天然香草不仅包含香兰素，还含有其他几百种能促进味觉体验的微量物质。因此，如果你喜欢制作蛋奶酒[1]，那么使用天然的东西是有道理的，因其可以确保复杂的口味凸显出来。但是，如果你打算进行烘焙，那么使用香草荚可能并不划算。与其他许多口味的结合和长时间烘烤会导致香草荚中的其他风味物质消失，而实验室生产的替代品成为完美的替补。考虑到天然香草精每千克的价格超过白银，而且甚至无法满足需求的1%，用云杉树和

1 用啤酒、葡萄酒、朗姆酒等，加入蛋黄、鲜奶和糖水等搅拌至起泡制成。

它的香草精就为我们的生活增添香草风味可就成了一件好事。

云杉树木出乎意料地有用。我所就任的大学是挪威生命科学大学（NMBU），是挪威食品研究中心的所在地，研究中心对以树木作为动物饲料的基础进行研究。研究中心使用枯木中的糖类化合物来培养酵母，然后将酵母研磨制成高蛋白的粉末，从而为鲑鱼、仔猪和鸡提供来自森林的养料。也就是说，科学家已经尝试用酵母饲料来代替普通饲料中的一部分蛋白质。

这自然引出了一个问题，即用木头喂养的鲑鱼是否可以长成优质鲑鱼。我可能会喜欢撒上盐和胡椒粉的黄油煎鸡油菌，但是鲑鱼会上当并食用真菌吗？毕竟它们的天然饮食是浮游生物、昆虫和小鱼。不过到目前为止，这些试验看起来很有希望：实验室的鱼生长良好，甚至显示出肠道健康的改善。

在鱼类养殖的早期，鱼粉被用作饲料，但由于过度捕捞，生产鱼粉所需的原料供不应求。目前，挪威养殖的鲑鱼以从巴西进口的大量大豆为食。这并不环保，一是因为生产大豆可能破坏雨林，二是因为应该优先考虑将大豆用于人类食品。换句话说，我们如果致力于通过大规模的渔业养殖来为不断增长的人口提供蛋白质，那么找到更为可持续的饲料替代品，例如云杉，就成了必需。

不过，我们还没有达成目标。在可以大量、廉价地生产鲑鱼的饲料之前，需要开展进一步的研究。从概念到商业成品的探索就像是在崎岖的森林保护区中远足，到处是弯弯绕绕，很容易迷路，还可能突然遇到几乎无法越过的沟壑。这就是被创业界称为“死亡之谷”的地方：投入了好的创意，却没有任何产出；即使有些想法在技术上可行，也无法保证值得一搏。

此外，尽管树木是可再生资源，而且世界上有30亿棵树，但森林并不只是木材资源。如今，绿色森林肩负着越来越大的责任：森林被期待净化水和空气，拯救气候，在与钢筋和水泥相比时更有竞争力，替代进口大豆为鲑鱼提供饲料，在石油逐渐被淘汰的领域为我们提供新的产品，保护濒临灭绝的物种，为我们提供蘑菇、浆果和户外探险的场所。森林无疑为我们提供了无数自然产品和服务，但同样可以肯定的是，我们不能将所有产品和服务最大化。当每个人都想要一片森林时，我们需要把目光从树木上移开，投向整个生态系统，即从美味齿菌到人类。

6

物业公司

在办公室或住房合作社[1]的家里，我们很少考虑到物业管理员——那些会不辞辛苦地去调节供暖或阻止水四处流淌的人。这也是自然界的运作方式：大自然就像真正的物业管理员一样，大多数时间在幕后工作。树木和其他植被保留水分和土壤。在挪威陡峭的山坡上，森林十分茂盛，树木保护峡湾旁的道路和建筑物，使其免受山崩灾害的影响。湿地为洪水提供了缓冲，而珊瑚礁和红树林则可以抵御海啸。城市树木降低噪音，清洁空气，提供阴凉并调节温度。本章关注的是大自然所扮演的“物业公司”的角色，尤其关注我们建造和生活的地方。

1 一种不以盈利为目的的群众相互协作建造房屋的服务性公益团体，19世纪诞生于法国、英国、丹麦等欧洲国家，现已成为欧美国家一种重要的住宅形式。

过多、过快、过度污染

25 岁时，我曾乘坐公共汽车穿越澳大利亚的心脏地带，去看乌鲁鲁（Uluru，又叫艾尔斯岩），这是一块巨大的红色岩石。乌鲁鲁的景致相当壮观，它比埃菲尔铁塔高，延展至将近 2 公里 ×4 公里的一片区域。乌鲁鲁巨岩位于平坦的沙漠中央，像一条巨大的、半藏在海滩里的鲸鱼。游客们涌向这里，欣赏这座山随太阳照射的角度而变化的色调。不过，你要足够幸运才会体验到我在这里的经历——倾盆大雨。毕竟，这里是一片沙漠。

那天，当天庭敞开它的水闸时，我见到了植被在截留降水方面的作用。由于乌鲁鲁坚硬的红色砂岩表面甚至没有一片草叶——实际上砂岩上是完全没有土壤的，所有雨水都从它的表面倾泻而下。雨滴滴落，流淌，融汇，聚集在凹陷处，在更大的沟渠中汇聚，变成小溪。倾盆大雨刚开始下的瞬间，雨水就如大小不一的瀑布，倾泻到我站着的山脚下。

这恰恰是在城市中发生的事情：因为人类已经摈弃了植被，以不吸水的地表替代之，所以雨水会积聚在柏油和水泥路面上，迅速地、大量地流向城市里的低洼地区，沿途连续冲击建筑物和基础设施。过量的水通常会流进河流，可能会冲垮河岸，造成更大的破坏，因为河流无法承载太多的水。

而且，雨水会冲走交通设施和工业建设残留在柏油路面上的所有化学物质。雨水会蚕食它流经的每一寸土壤，导致土壤侵蚀。土壤和污染物都被冲入河流中。如果在雨水降落之前太阳正烘烤着柏油路面，那么雨水在穿过城市街道的过程中也会变热，最终可能导致雨水的温度比河流中的水温高出好几度，这可能会给河流中的物种带来麻烦。

总而言之，这对城市和河流都没有好处。即使无法控制降水或防治所有洪水，我们也可以通过与自然进行更好的团队合作来减少其所带来的影响，为城市中的绿化腾出更多空间。城市里的树木在控制降水上表现得相当出色，因为它们有一些对抗洪水的技巧：首先，它们很渴——一棵大树每天可以“喝”几百升水；其次，树冠可以起到缓冲作用，在雨水降到地面之前拦截雨水，或者只是截获雨水，使其在树叶和树枝上直接蒸发掉。树木的根系和根部周围的生物具有多样性，这使土壤更加疏松多孔，更多雨水因此渗入地下而不是流过地表。与树木关联紧密的土壤生物也可以吸收和转化重金属等有害物质。

在城市里，我们可能不得不居住在大量不透水的地表上，因为在道路上种植植被并不现实，而野花草甸也不适合做停车场。但是，我们可以在柏油和水泥路面之间保留各种绿地，而且越多越好。树木的一大优点是可以种植在道路和人行道两旁，在不透水的地表上方形成一个分层。草地或草坪也会吸收和截留水分，起到类似物业管理员的作用，防止水流到不受欢迎的地方。这种低矮的植被也是房屋屋顶合适的覆盖物，成为绿色屋顶。

这不是一个新概念。在斯堪的纳维亚半岛，自史前时代以来，人们就在白桦树皮上覆盖草皮做屋顶。事实上，草皮屋顶在整个中世纪的挪威城镇中很普遍：16世纪晚期的一件卑尔根（Bergen）的雕刻作品就展现了绵羊和山羊在许多房屋的屋顶上啃食的情景。随着城市中的木结构房屋变得更加密集，草皮屋顶被禁止使用，因为屋顶上的干草会使火势更容易蔓延。

如今，绿色屋顶正在全世界的城市兴起。在某些地方，例如慕尼黑，在新建筑物的平坦屋顶上种植植被是强制要求。屋顶绿化有几个优点：既可以截留降雨，也可以为城市降温。而且，尽管如今你可能看不到啃食绿色屋顶的羊群，但你至少可以在城市上空的绿地上漫步。

摇钱树

城市里的树木不单单是洪水的截流者，还可以作为空调和空气净化器，为其他物种——当然也包括人类——提供生存空间：你可以爬到树上，或靠着树干坐在凉爽的树荫下看书。

为什么我们城市的气温总是比周围地区高很多？有几个因素在起作用。植被在蒸腾作用下能够释放出凉爽的水汽，我们却建造了由柏油、砖石和水泥构成的深色表面来代替植被，而这些表面在阳光照射下会吸收热量。最主要的热量来自人和机器，而机器所产生的热量包括来自空调的过剩热量。讽刺的是，对于没有制冷系统的人们来说，这些来自人和机器的过剩热量热量甚至使温度更高了。这一切所带来的结果是，大城市就像一座座热岛，比周围环境的温度高出 5~10℃。这一温差通常在晚间达到峰值，白天储存的热量在夜晚时分从城市的深色表面释放出来。

现在对于我们这些位于这个星球高纬度地区的人来说，也许异常炎热的夏天不是什么大问题，至少眼下不是。但是气候变化会使我们脚下的地球变得更灼热。瑞士的一项研究将一些城市 2050 年的气候预测数据与其他城市当前的气候数据进行比较，说明了这一点：奥斯陆将变得像今天的布拉迪斯拉发一样，最热月份的最高气温将升高 5.6℃；而伦敦的气候将类似于今天的巴塞罗那，最高气温将升高大约 5.9℃[1]。如果这些预测成真，人类迟早要依靠树木的作用——它们能够将城市气温降低 1~5℃，这意味着可以拯救生命。在奥斯陆，我工作的第二家单位——挪威自然科学研究所（NINA）的科学家们研究了城市树木的重要作用以及我们为什么必须保护树木。他们发现树木和其他绿地有效

---

1 奥斯陆为挪威首都，位于北纬59° 55′；布拉迪斯拉发为斯洛伐克首都，位于北纬48° 09′；伦敦为英国首都，位于北纬51° 30′；巴塞罗那为西班牙港口城市，位于北纬41° 23′。

地降低了城市热浪带来的健康风险：在一年当中，每多砍伐一棵树，就意味着平均多一名老年人额外承受一天 30℃以上的高温天气。同时，科学家们指出，奥斯陆急需更多的绿地，这个人口高度密集的区域也是城市树木最少的地方。

实际上，树木有时也可以生钱（即使只是间接地产生），因为这种降温效果意味着我们可以节约能源，从而节省金钱。美国的一些研究表明，如果在加利福尼亚州萨克拉门托[1]这样的城市里，将树冠覆盖率提高 25%，平均每个家庭将节约 40%～50% 的原本用于空气冷却的能源，这就是树木为人们节省金钱的实例。

树木还可以帮助人们节省其他费用。当微小的污染物颗粒被截留并沉积在树叶和树枝上时，树木就充当了空气净化器：下一次降雨会将这些颗粒冲刷到土壤中或河流的河道中。尽管树木并不一定能消除污染物的所有危害，但至少它们将一些污染物从我们呼吸的空气中清除了。在全球范围内，这都很重要。据联合国生物多样性和生态系统服务政府间科学与政策平台（IPBES）估计，全世界只有十分之一的人口呼吸着清洁的空气。每年有超过 300 万人因空气污染而过早死亡，这主要发生在亚洲。针对多个国家和地区的 1 万多个空气质量监测站的一项持续研究表明，2020 年春季，仅仅是新冠肺炎疫情出现的头两周，对人们活动的

1　美国加利福尼亚州州府，位于北纬38° 34′。

限制所造成的空气污染的减少，就减少了 7400 个早期死亡病例。

为所有这一切贴上价格标签并不容易，但是有些系统可以在城市的树木上定价：伦敦最昂贵的树木——二球悬铃木（*Platanus × acerifolia*）[1]，一棵的价值为 160 万英镑。该市的 800 万棵树木因帮助人们节省费用而间接带来的年度总收益为 1.327 亿英镑。

青山翠谷[2]——直到风吹散表土

有一个关于冰岛森林的笑话，很短，但是一针见血。这个笑话是这样的："请问如何找到走出冰岛森林的方法？——站起来就行。"事实的确如此。在这片传奇萨迦[3]的土地上，森林既不茂盛也不高耸，由此带来了土地侵蚀和土壤退化的重大挑战。

大约一千年前，当挪威的维京人在海上航行时，他们将高

1 二球悬铃木，由一球悬铃木（*Platanus occidentalis*）和三球悬铃木（*Platanus orientalis*）杂交而来，因英国人在伦敦大量种植，所以又叫"英国悬铃木"或"伦敦悬铃木"。

2 《青山翠谷》（*How Green Was My Valley*），1939年出版的英国小说家理查德·卢埃林（Richard Llewellyn）的畅销小说，从一名少年的角度讲述威尔士矿工家庭的经历。1941年拍摄的同名电影获得第十四届奥斯卡金像奖最佳影片奖。

3 萨迦（Saga）是北欧的一种故事文体，内容包括神话和历史传奇。

座支柱扔下船，并在它们被冲上岸的地方定居，[1]那里（冰岛）有大片的森林。这片土地被树木覆盖的面积可能占了岛屿面积的40%，和挪威现在拥有的森林比例相同。但是，定居者砍掉了桦树林，将其改造为耕地和牧场。出于需要，树木还被用作建筑材料和木炭。在短短的两三百年后，这个国家几乎荒芜一片，没有树木为其提供庇护所和土壤固着的地方，轻质火山土壤裸露在外，任由风和恶劣天气侵蚀。冰岛的恶劣天气频繁出现，尤其是大风。

侵蚀开始了。表层土壤被吹入海中，被海水冲刷走，或被沙丘覆盖，这一过程缓慢而稳定。火山爆发、火山灰和放牧羊群的巨大影响加重了伤害。随着表层土壤的减少，植被进一步退化，造成了更多的土壤流失。到 1950 年前后，60% 的植被和足足 96% 的森林与灌木丛消失了，只有不到 1% 的国土面积被森林覆盖。冰岛已成为一片裸露的景观。这对那些喜欢欣赏冰川、火山和群山一览无余景致的游客来说也许不错：是的，它具有野蛮、贫瘠的美感，展现出了整个大地的色调，但一点儿也不肥沃。在这个国家的大部分地区，土壤流失和侵蚀使得农作物的生长和放牧毫无可能。

---

1 根据传说，冰岛最初的殖民者中，有一位名叫殷格·亚纳逊（Ingólfur Arnarson），他因为世仇离开挪威，寻找所听说的海洋中新发现的一座岛屿。他看到陆地时，就拿起高座支柱扔到海里，宣称将按照天意在支柱冲到岸上的任何地方定居。高座支柱是一对装饰性的木杆，位于斯堪的纳维亚家庭首脑的椅子的两侧，是酋长或国王的标志。

几年前，我去冰岛参加了国际生态恢复学会（Society for Ecological Restoration，SER）欧洲分会的会议。除了数小时或多或少令人兴奋的演讲外，我们还在冰岛西南部进行了一次考察，以了解人类使大自然的减蚀机制不能运转后会发生什么，以及我们可以采取的补救措施。公共汽车载着我们绕着熔岩景观行驶了几个小时，在那片荒芜中，铜绿净口藓是唯一可见的植被。我们参观了贡纳尔霍尔特（Gunnarsholt），一个建于公元 10 世纪前的农场，建设者包括 Hlíðarendi[1] 的贡纳尔（Gunnar）的祖父，而贡纳尔是 13 世纪冰岛传奇故事《尼雅尔萨迦》（*Njál's Saga*）第一部分中的主人公。在《尼雅尔萨迦》中，贡纳尔在被判违法却无法如判决所约定的那样离开自己的农场后就死去了。他骑上马，勒紧缰绳，回首那片美丽的耕地，说道："多么美丽的山坡啊，看山坡上那变白的农田、割过的绿草，我以前竟从没像现在这样觉得它们可爱。我要回家，哪儿也不去了。"[2]

贡纳尔可能没有为防止侵蚀或对大自然的管理服务付出过多少心力。如果有的话就好了，因为几百年之后，山坡不再那么美丽了。由于遭受侵蚀，许多农场都被迫废弃了，也包括他自己的农场贡纳尔霍尔特。如今，贡纳尔霍尔特是冰岛的水土保持局

1 位于冰岛Fljótshlíð地区的Hlíðarendi农场。

2 这段引文的译文出自《萨迦选集——中世纪北欧文学的瑰宝》，商务印书馆2000年出版，石琴娥、周景兴、金冰译。

（*Landgræðsla rikisins*）的总部，还有一个有趣的小型博物馆。在这里，我们得知冰岛为了将森林及该岛迫切所需的服务带回这座岛屿所作的努力。

当天的最后一站是一片平坦的平原，地表零星覆盖着低矮的植被——羽扇豆（*Lupinus*）[1]。和其他来自各行各业的科学家们一起，我拿到了一根一米长的蓝色金属植树管和两棵小桦树苗。我们迫不及待地在这片地域上分散行动——终于，冰岛要再造森林了！植树管就像弹簧高跷一样立在地上，然后通过踩植树管底部的小板，土壤里有了一个洞。接下来，我将我的第一棵桦树苗丢入管中，这株有着五片黄绿色叶子的蔫蔫的桦树苗直直地滑进了它未来的家。接着要做的就是把植株周围的土壤踩结实。我的背不用费力弯下，而冰岛获得了另一棵树。

这只是一个象征性的行为，因为我们那天所做的工作并没有多少。设法使森林回归是一项进展缓慢的、大规模的工作。首先，土壤必须用欧滨麦（*Leymus arenarius*）[2]或阿拉斯加羽扇豆（*Lupinus nootkatensis*）[3]等植物稳定，后者是从北美引进的物种。尽管阿拉斯加羽扇豆擅长在几乎寸草不生的地方立足，并通过固定空气中的氮来改良土壤，但广泛使用这种入侵物种并非毫无争

1 羽扇豆，豆科羽扇豆属植物。

2 欧滨麦，禾本科赖草属模式种，产自欧洲。

3 阿拉斯加羽扇豆，豆科羽扇豆属植物。

议。它的扩散太容易了：在挪威，阿拉斯加羽扇豆在外来物种清单上被列为“严重生态风险”类别，与虎杖（*Reynoutria japonica*）[1]、西班牙蛞蝓（*Arion vulgaris*）[2] 和加拿大黑雁（*Branta canadensis*）[3] 等其他不受欢迎的物种共同享有这份不光彩的荣誉。

当我向冰岛人询问这件事时，我得到了相互矛盾的答案。当这里的生态系统陷入困境时，对于本地植物群应在生态平衡中得到多大的关注，人们有不同的观点。同样的讨论也适用于正在种植的树种，因为冰岛的主要原生树种——桦树，并不是被放进植树管的唯一树种。另外许多外来物种，如落叶松（*Larix*）[4]、北美云杉（*Picea sitchensis*）[5]、扭叶松（*Pinus contorta*）[6] 和杨树，也被播种或套种。

当地政府有一个“绿色”的梦想：到 2100 年，冰岛面积的 12% 将被森林覆盖。如今，这个数字大约为 2%。未来还需要很长的时间，你才会迷失在冰岛的大森林中。

---

1 虎杖，蓼科虎杖属植物，原产于日本，中国也有分布，是可药用的经济作物。19世纪被引入英国后则成为整个欧洲的入侵物种。

2 西班牙蛞蝓，腹足纲柄眼目蛞蝓科动物。蛞蝓俗称鼻涕虫，中国常见的蛞蝓体长2~3厘米，而西班牙蛞蝓体长可达10厘米以上，其入侵已经蔓延到了欧洲许多国家，对当地的植物和农作物构成严重威胁。

3 加拿大黑雁，雁形目体形最大的鸟类。

4 落叶松属是裸子植物门松科下的一个属，该属物种均属落叶乔木。

5 北美云杉是云杉类的树种中树身最为高大的一种。一般成树高40米，部分可长到60米高，胸径达180厘米。

6 扭叶松，松科松属植物，成龄树高21~24米，胸径可达70厘米，通常为30~40厘米。

亚马孙飞腾的河流

亚马孙流域有一条浩瀚的河流，运输着数十亿吨的水。它是人类和其他物种具有丰富多样性的基础，同时影响着南美大陆广大地区的气候和降水模式。但它不是你想到的那条河。

亚马孙雨林仅覆盖了地球表面的 4%，却是十分之一的已知陆生动植物的家园，其中还有数百个原住民部落。这片森林中的树木比银河系中的星星还要多。而且由于树木高大，全世界十分之一的生物量聚集在这个巨大的、闷热的、潮湿的、绿色的、搏动的生态系统之中。而且这片森林里流转着亚马孙河流域全部的美丽和力量：它是世界上面积最大的流域（相当于美国的面积），水量约占世界所有河流的五分之一。

在林冠上方盘旋着另一条同样重要的“河流”，一条由水蒸气形成的“飞河”。它是由树木自己创造的，并且在大陆尺度[1]上影响着雨水和风。

飞河及其影响的理论最早是由两名俄罗斯科学家于 2007 年发表的，正式名称是“生物泵理论”。这个理论最初遇到了巨大的阻力，后来才获得了不少科学家的支持。该理论是这样的：起

1 大陆尺度，一种自然地理尺度。自然地理尺度指自然地理意义上的时空范围，一般把空间尺度划分为全球尺度、大陆（大洋）尺度、区域尺度、局地尺度等。在不同的时空尺度上，自然地理与生态现象常呈现不同的规律。

初，树木从土壤中吸收水分，然后将水分输送到绿色的树冠上。在那里，水参与了各种生物反应和代谢过程，然后以水蒸气的形式进入空气——仿佛树木是一个慢动作的间歇泉[1]，从地里吸收水分并将水蒸气大量释放到空气中。当这种水蒸气在大气中凝结时，局部会产生低压，从海洋向内陆吸入更多的潮湿空气，就像一条巨大的飞腾的河流。据科学家所述，这些树木每天都会向亚马孙雨林上方的“云服务”系统输送200亿吨水。也就是说，实际上从空中流入大西洋的孪生河流[2]的水比从地上流入的还要多。

因此，热带雨林充当了生命的泵，将水分从海洋输送到大陆深处。科学家称，这种生物性的，或者说是充满生机的“森林之泵”具有持续低压的特点，为亚马孙流域带来雨水。这就是为什么亚马孙流域中心的降雨多于沿海地区，而这与当时流行的模型完全相反。飞河一路向西，最终到达安第斯山脉，然后转向南方。一路上，它把余下的珍贵雨水倾泻在亚马孙以南的地区——南美洲一些最重要的农业用地上。

为了让生命之泵正常运转，不对雨林进行砍伐和破坏是至关

---

1 间歇泉，即间断喷发的温泉，多发生于火山活动地区，熔岩使地层水化为水汽，水汽沿裂缝上升，当温度下降时凝结成温度很高的水，每隔一段时间喷发一次，形成间歇泉。

2 孪生河流，指亚马孙河。

重要的——对雨林的破坏有可能毁掉整个泵系统，带来极端严重的后果。最可怕的情况是，未来可能会遭遇一个转折点——整个亚马孙雨林在相当短的时间内转变成像热带稀树草原一样的景观。如果这种情况发生了，对生活在大陆上的所有人类和其他物种造成的后果都是十分严重的。

白蚁和干旱

气候受到生物界的影响，既来自像亚马孙流域的树木一样大的物种，也来自像昆虫一样极小的物种。如果你可以乘坐热气球悬浮在坦桑尼亚西北部半荒漠的上方，一旦你克服眩晕，从篮子的边缘向下俯瞰，就会发现地面上景观分布的规律有多么不可思议：褐色的沙子表面分布着间距大致相等的绿点。尽管它们看起来像人造景观，但并不是。这种图案是由白蚁创建的。白蚁是一种小的白色或棕色的昆虫，看起来有点儿像蚂蚁。实际上，白蚁是蟑螂的亲戚，习惯于群体生活。白蚁发展出了先进的社会性群体，既能转移水又能转移养分，从而塑造了位于非洲、南美洲和澳大利亚大部分炎热干燥地区的景观。

白蚁也遭到了很多指责，甚至有一整个行业——建筑行业都致力于根除它们。仅在美国，它们每年贪婪地噬咬横梁、地板、墙壁和屋顶所造成的损失就超过20亿美元。你如果想到这一点，也就不会对根除它们感到奇怪了。没办法，谁让它们属于地球上极少数能够消化木本植物坚硬细胞壁的动物呢。而且，白蚁可以建立起庞大的群落，地下的白蚁群可以包含数百万个个体。如果你能够以某种方式把这种小东西每一个都过磅称重，比如，在非洲大草原中一块面积为10平方公里的区域将它们过磅称重，你会发现它们的重量加起来甚至超过同一区域所有大型草食动物的重量。

但是，这些在房屋里讨人厌的东西在自然界中却至关重要。在半荒漠和热带草原环境中，白蚁可能是关键的生物，对施肥和灌溉都有贡献。它们可以收集死去的植物残体，将其分解，确保养分以粪便或白蚁尸体的形式混入土壤中，或传递给食用它们的动物。因此，在易受火灾影响的生态系统中，它们可以防止营养物质直接随着烟雾飘散。白蚁掘地可深达50米，并带出潮湿的土壤矿物质颗粒，用于它们的建筑中。这种矿物质土壤在风化时，会令白蚁群落周围的土壤富含关键营养元素、微量元素和水分。在使土壤更透气、使雨水更容易渗入地下这一点上，白蚁挖通的许多隧道也至关重要。所有这些使得白蚁塔在干旱地区成为小型的绿洲，而白蚁是控制这里大部分生态系统的关键物种。在与荒漠化的斗争中，它们为植物生命创造这些绿色“热点”的能力是非常重要的。这些绿洲使物种得以生存，也是抵御沙漠的缓冲带；而在降水时期，植物可以从这些绿洲中扩散出来。研究表明，在干旱时期，这些白蚁塔看上去非常壮观，这意味着白蚁在面对即将到来的气候变化时可以帮助稳定这些敏感地区的生态系统。

白蚁维持气候稳定的作用并不仅限于热带草原地区。在婆罗洲（Borneo）[1]，科学家对比几乎消灭了所有白蚁的区域和其他保留完整白蚁群落的区域，以研究在热带雨林的干旱时期白蚁的影响。结果表明，相比无白蚁存在的土壤，有白蚁存在的土壤的水分要多三分之一，并且水分会从土壤的深层被带上来。在没有消除白蚁的地方，科学家使用的试验植物存活概率增加了 50% 也就不足为奇了。在亚洲的热带雨林中，这种饱受诟病的虫子也被证明提供了一种生态系统服务，在更为干旱、变化更加多端的气候中可能特别有用。但是，为了使白蚁发挥其作用，我们必须更好地爱护整个自然环境并保护原生物种群落。砍伐森林和人类对森林的其他入侵行为改变了白蚁的数量和物种组成，而一半以上的热带雨林已经受到了人类的影响。研究加里曼丹岛的论文作者表示，因为由白蚁驱动的缓解干旱的能力下降，被人类彻底改变的热带森林抵御干旱的能力可能降低。

---

1 婆罗洲，即加里曼丹岛（Kalimantan Island），位于东南亚马来群岛中部，是世界第三大岛。

白蚁的种类大约有2000种，它们有不同的生活习性。有些住在数米高的、显眼的黏土塔中，有些则住在地下巢穴中或树上；有些以枯木为食，有些以各种枯死的植物体为食，有些在它们的塔内种植真菌。有时，这些真菌会从塔中长出巨大的实体，即蘑菇：这是世界上最大的食用蘑菇[1]，菌盖大到从你的腋下一直伸到你的指尖。这是在当地居民中广受欢迎的美味佳肴。

巴西的大型白蚁则建造了由单一物种创造的、显然是世界上最大的连续建筑：地下通道网络连接起数米高的土堆，共有2亿座塔，总面积相当于英国的面积。它相当古老，有接近4000年的历史。换句话说，它和吉萨（Giza）金字塔的年龄相同。但与金字塔不同的是，这座建筑物中仍然有生命和活动。严格来说，这里的塔不是蚁巢，也没有白蚁在里面居住。这些塔只是堆放从隧道中挖出的所有土壤的地方，隧道才是实际使用的部分。这些隧道就像是有盖的人行道，使白蚁在最近的灌木丛中往返取食的行程更加快捷、安全。

就算你没有机会乘坐热气球在坦桑尼亚或巴西上空飘浮，你仍然有希望见到这样的景致。只要放大谷歌地图，坐在你舒适的

---

1 指坦桑尼亚的一种食用菌“*Termitomyces titanicus*”，属名“蚁巢伞属”得自它与白蚁（termites）的共生关系。在中国，该属俗称鸡枞菌，味道鲜美，具有丰富的营养和活性成分。

办公椅上，观察白蚁的抗旱建筑的成果，就会意识到它们是多么伟大。

作为防浪堤的红树林

冰岛的维京人及其后代认清了形势，但为时已晚。如今，我们已经充分了解到森林的保护作用，无论是挪威北部的森林还是热带雨林。即便如此，短期的有利可图往往会阻碍长期的有益保护。一个典型的例子是红树林，它们正在以闪电一般的速度消失，尽管作为活的防浪堤其抵御海啸和洪水的重要性是众所周知的。

红树植物是好几种树木的名字，它们喜欢扎根在盐水中。这个词语也指由这些树木形成的森林——红树林[1]。红树林中的树木有一些适应机制，使它们可以生长在拍打树干的咸的海浪中，立足于没有太多氧气的松软淤泥中。

其中一种适应机制是生长出支柱根。许多胳膊一样粗壮的根从树干底部长出，先水平伸出，再蜿蜒曲折地扎进淤泥中。最后，这堆缠绕的支撑物有时会给人留下树下长腿的印象，好像树

1　红树植物和红树林在英文中为同一个词，即“mangrove”。

随时准备开跑。实际情况恰恰相反，支柱根起的是固定作用。同时，缠绕在一起的根部成为海浪的缓冲带，捕获沉积物，令沉积物缓慢而稳定地在底部积聚更多淤泥，使树木得以生长。如果淤泥中没有太多氧气，支柱根可能会生出细小的皮孔作为透气通道。但红树植物还可以生出特殊的呼吸根，它们的生长方向和我们所期待的根的生长方向相反——从泥里钻出，伸向空中，看起来像一支支小矛。

在海洋和陆地的边界上，红树林处境艰难。如果你仔细观察一张展示红树林原始分布的世界地图，会发现它看起来就像有人用记号笔沿着南非到日本的海岸画了一条线，还勾勒出了许多或大或小的岛屿，以及非洲的西海岸和中美洲的东、西海岸的部分地区的轮廓。这听起来数量很可观，但事实是，红树林的规模在全世界范围内已经急剧萎缩，大概有 40% 已经消失了。如今，红树林在全世界森林中的占比甚至不到 1% 的一半，而它们的减少速度是其他森林的 3~4 倍。

随着红树林的消失，它们为遏制沿海极端灾害的影响所做的努力也随之消失。我们试图用人造设施模仿红树林遏制灾害的效果，结果不仅花费更高，效果还差。以 1999 年袭击印度奥里萨邦（Odisha）的超级气旋为例，迄今为止它仍然是北印度洋最强劲的热带气旋，最大风速超过每小时 300 公里。灾害导致约 1 万人死亡，房屋和财产的损失总计超过 50 亿美元。但是有研究表明，与红树林被损毁并代之以防浪堤或坝堰的村庄相比，拥有完整红树林的沿海村庄的人口死亡率较低，基础设施受到的破坏较少。

红树林像一条有生命的保护带，使土地免受潮汐、洪水和下风处大风的影响，同时洪水也以更快的速度流回大海。而以人类建造的防洪设施抵抗洪水的村庄则与破坏农作物的咸海水搏斗了更长时间。

科学家对 2004 年的印度洋海啸进行了同样的研究，得出了一致的结果：在红树林未受破坏的地方，人类的生命损失和物质损失都较小；而且在灾难之后，幸存者发展经济的机会要多得多。

而这只是红树林所提供的自然产品和服务的一小部分。红树林还是一个独特且极其丰富的生态系统，它净化水质，比其他热带森林多吸收三到五倍的碳，并为生活在其中和附近的 1.2 亿人提供食物、木材和其他产品。

那么红树林为什么会被破坏、损毁呢？简单来说，是因为我们都喜欢吃挪威海螯虾（*Nephrops norvegicus*）[1]。红树林减少的主要原因就是人们追求获得短期的水产养殖收益，尤其是虾类养殖。红树林在限制海啸、洪水和飓风造成的破坏方面所做的出色工作并未被纳入收益中，这正是评估收益的难点之一。让我们来看看 2013 年公布的一个具体实例。

---

1 挪威海螯虾，龙虾的一种，是挪威常见水产。

泰国的红树林区域带来收益的方式有两种，一是在保护森林的前提下进行可持续采伐，二是建造虾类养殖场并以之取代被砍伐一空的森林。后一种选择可以在短期内给所有者带来相当高的个人收入，因为有时政府会为这种土地用途的改变提供慷慨的补贴。但是当我们将这片红树林为我们带来的天然产品和服务及其效用（缓冲海浪所带来的影响、净化水质、为鱼苗提供栖息地）计算在内时，计算结果就会被颠覆。从社会的角度来看，以牺牲这些宝贵的天然产品和服务来换取虾类的生产几乎没有任何经济收益。而且，如果算上养虾场污染和破坏生态系统后恢复红树林的相关成本，这种选择与有利于红树林的选择相比，两者的经济收益之差将超过每公顷 1.6 万英镑。

这个例子说明，对公共效益进行评估是多么重要，不仅要针对单一的自然产品或服务（通常是一种产品，例如虾或木材）进行评估，还要从整体上看待事物，看清自然产品和服务的总和。就像以红树林对抗自然灾害的保护作用为代价刺激泰国的虾类生产实际上无利可图一样，为挪威西部陡峭山坡上的道路建设和木材经营提供支持也不是一项很好的社会投资，因为这会破坏天然的古老森林阻止雪崩的能力（以及这种森林中丰富的物种多样性）。

如果你想保护重要的热带沿海生态系统并保留其提供的防护

服务，请选择其他海产，或尝试寻找经过生态认证的海虾。因为尽管红树林仅占世界森林的千分之几，但其所提供的“防浪堤”服务和对人类幸福安康的贡献却不容忽视。砍伐这些森林，直到失去了它们在沿海地区提供的自然保护，那才是真正破坏了我们赖以生存的根基。

腐枝中的美

山谷中

颇不寻常地

一株最强壮的树

轰然倒下

张开宽广的枝桠

扑向泥土

就像一个拥抱

历经无尽的渴望

(……)

大树纹丝不动

在越来越深的拥抱中

化身为对方

草叶生　草叶落

一如熟悉的灰白长发

一切早已过去

百年不过弹指

——塔莱·韦索斯（Tarjei Vesaas）[1]，

摘自《疲惫的树》（'Tired Tree'）

在我居住的森林里有一株我最喜欢的倒木。我们算是"歃血为盟"的姐妹：我用一滴血交换了那棵树的一滴树脂。大约十年前，这棵老树一头栽倒在了我经常跑过的小径上。那是十月里一个灰色的星期日，那几天的雨下得丝毫没有要停下的意思，倾盆大雨一下就是连续几个小时。我实际上很喜欢下雨的时候在森林里跑步，但我的眼镜是个问题（隐形眼镜对我不起作用）。我要么选择戴着眼镜，只能看见一点（镜片会雾化并且雨水会流淌下来）；要么选择不戴眼镜，能看见的就更少了。

我在跑步的时候还带着当时八岁的大儿子，他跟在我后面。

1　塔莱·韦索斯，20世纪最重要的挪威作家和诗人，他用新挪威语写作，其作品涵盖了许多文学体裁。他被认为是挪威领先的现代主义者之一，挪威设有以其姓名命名的文学新人奖。

我们在陡峭的山坡上奔跑时，我看到一棵小树被吹倒，在小径上形成一个低矮的入口。我弯下腰全速从它下面通过，一边继续向前跑，一边转身告诉我的孩子要小心。但我没看到另一棵树也倒在了那条小路上，那是一棵结实的云杉。当我转回身时为时已晚，我的额头撞上了它。我眼冒金星，一下子趴在这棵树的针叶和树皮之间，额头上沾满了鲜血和树脂。

这次意外导致了脑震荡，此后两周我被禁止使用屏幕或阅读。不幸的是，人类没有用弹性带悬挂在头骨中的大脑，这点与啄木鸟就不同，它甚至可以用头猛撞树干。[1]

自从戏剧性的第一次相遇以来，我一直特别注意这棵树。一开始，针叶变成了褐色并慢慢掉落，树皮小蠹[2]前来拜访，顺便在树皮下生儿育女。有人（也许是一位热心的退休人员）将树砍断，把树干拉到了一边，这样我就不用在跑步时弯腰通过。第二年夏天，这棵树通身的树皮都开始松动，因为将树皮和树干结合在一起的那层已经被天牛的幼虫吞噬。我跑步经过时可以看到成千上万的天牛幼虫在咀嚼时落下的白色木屑粉尘，像毛毛雨一般飘落。根据林奈在瑞典北部的研究报道，这种木屑在 18 世纪初

---

1 啄木鸟的舌头有极强的韧性，环绕头骨一圈，为大脑提供了减震作用。

2 树皮小蠹，小蠹亚科（Scolytinae）的昆虫。这类昆虫分为两大类，一类可以直接食用木材，并消化吸收纤维素，称为树皮小蠹；另一类以真菌为食，称为食菌小蠹。

用于为发炎长疮的婴儿屁股上粉。

很快，第一块红缘拟层孔菌（*Fomitopsis pinicola*）出现了，这是在挪威的云杉中最常见的木腐真菌之一。刚开始只有一个有光泽的浅黄白色团块，看起来像是一块生面团留在树干里发酵，同时液体开始慢慢渗出。随着真菌的生长，红缘拟层孔菌典型的深棕色和橙红色色带开始出现，而且通常装点着闪亮的大水滴。这些真菌的眼泪不是露水（冷凝的水蒸气），而是从快速生长时期的真菌中挤出的水。

人类倾向于将这样的枯木看作森林中的烂摊子，将腐朽视为令人沮丧和不愉快的东西，让人想起腐烂和死亡。这种想法是大错特错的，因为枯木是“活着的”。现在，在“我的”倒下的云杉内，活细胞比树木健壮葱郁地矗立时还要多。活的云杉树枝主要由死细胞组成，而现在布满蠕动的、四处啃咬的生命。木腐真菌沿着细胞结构延伸它的菌丝，慢慢地，真菌的酶消化了曾经支撑着树的结构。就这样，各种各样的昆虫吃掉年轮，获得了营养物质；地衣、苔藓和奇特的、易受惊吓的鼩鼱则一直在倒下树木的凹陷处寻找庇护所。如上所述，你会明白为什么挪威森林中有三分之一的物种住在枯木上和枯木内。

我研究森林、树木及其分解者已有 25 年之久。这一切始于我还是一个初出茅庐的硕士生的时候，那时我在小木屋周围的森林里四处漫游，从死去的桦树上收集 1000 种火绒菌。我的计划是观察当真菌在桦树上单独生长时，树中生活的甲虫是否更少（的确是）。在这几年里，我研究了各种各样的森林和树木中的昆虫。在伐光的森林中，从干燥的云杉和桦树的树桩上，从古老松树的树下，从用炸药将树顶削到只剩一人高以模仿自然形成枯树的杨树中，我收集了不少甲虫。一开始，几乎每年春天，我都会在受保护的原始森林里，在烧焦的森林样地里，在工业化人工林中有立柱的大厅里架设昆虫诱捕器。我研究了椴树根部的树洞中的昆虫，这些椴树早在大约5000年前的全新世中期的暖温期就开始发芽。在树干的底部，随着旧树干的死亡，新树干从根系中长出来；粗大的根系像一只巨型章鱼的腕足，沿着奥斯陆峡湾（Oslo Fjord）的石灰岩蜿蜒而行。多年以来，我一直在追踪调查古老的中空橡树里的昆虫群落，这些古老的树木见证了一代又一代人所经历的岁月，树木发芽、生叶、枯萎、凋零，而时间在树木缓慢的心跳中过去了数年、数十年乃至数百年。

我们汇总了这些年来所有的甲虫数据，包括1267个物种的不少于158 070个个体。我们想找出是否存在任何重要的共同特征可以解释物种分布于其各自所在地的原因。包含整个挪威南部超过400个森林区域的数据混杂且多样，从中检测出足够有力的因素是否可能？

我们确实找到了。在所有变化要素中，出现了一个重要的因素——砍伐。天然的原始森林从未经历过皆伐[1]，也没有经历过人工种植，在其间生活的受威胁或近危的甲虫物种的数量比已经拥有较长历史的人工林中的还多。总体而言，大多数生活在森林中的甲虫物种都是在天然森林中被发现的。留有枯木的皆伐林地中的甲虫物种数量介乎于天然森林和人工林之间。而且，三种林地类型的物种组成都不同。在这里，森林的年龄和森林的蓄积量（体积）对甲虫物种的组成也产生了影响。

上述结果与我参与的另一项研究（探讨云杉枯木中的木生真菌）所得的结论基本一致。在那一项研究中，我们在斯堪的纳维亚半岛的28个森林中比较了特殊的木腐真菌和普通木腐真菌。特殊的真菌种类（其中许多是受到威胁或近危的）的出现需要同时满足以下两个条件，一是附近大量而且种类多样的枯木的天然林，二是周围景观中大面积的老林。

这些实际上都是合乎逻辑而且众所周知的。正如前几章所述，照看人工林的全部目的就是为了砍伐木材，将其转化为建筑木材、纸张、香兰素和其他商品，这当然意味着留在森林中成为枯木的树木变少了。我们砍伐森林，从伐木场运走了几乎所有的

1 皆伐，森林采伐方式的一种，指在短时间（一年或一个采伐季节）内将林地上的全部林木伐掉。与之对应的其他采伐方式有渐伐和择伐：渐伐指在一定年限内分几次将全部林木伐掉；择伐指定期砍伐具有一定特征的成熟木，林地上始终保持有各个龄级的林木。

树木。枯木之间的差别变小了，尤其是稀有和罕见类型的枯木更少了，例如直径太大以至于很难跨过它的倒木，或是躺在林下足有一个世纪的可作为坚硬木材的矮小树木。因此，需要靠这类特殊的栖息地才能生存的真菌或昆虫从森林中消失了。

据估计，在人迹未至的斯堪的纳维亚针叶树的森林中，有60%~80%是真正的天然原始森林，这些森林有150多年的历史；其余则是处于更年轻阶段的天然林。这是森林火灾和其他干扰的结果，而火灾和干扰是森林生态系统的自然组成部分。但这些年轻的天然林中也应该有许多长势良好的老树，以及大量的枯树。

在如今森林还远未发展成为真正的天然原始森林时，人类就对它进行了砍伐：只有不到2%的挪威森林处于类似于天然原始森林的状态中。大约三分之二的森林已经被皆伐过一次（或使用类似形式的露天采伐），短则60年长则90年后（还不到云杉或松树自然寿命的一半），这些森林还会被再次皆伐。皆伐活动也在威胁剩下三分之一的森林，这些森林在19世纪初被有选择地砍伐，但由于距离道路很远，交通不便，因此尚能留存。

穿过森林徒步旅行的大多数人都不知道这一点。这是基线发生变化的另一个例子——当只有千分之一的挪威森林是真正的原始森林时，毫无疑问，同时代的挪威人几乎没有在这样的原始森林中溜达过。我们再也无从得知森林在广泛、严重的砍伐开始之前的样子。我们认为今天的森林很正常。如果我告诉你，自

1920年以来，枯木的数量增加了两倍，这听起来可能很棒。但我如果补充一句，即使如此，今天的枯木组成也只占真正的原始森林中所见水平的五分之一——好吧，你的印象立刻就会改变。

我认为，因为严重缺乏代际交流，对于当下森林与森林不受人类影响的自然动态之间的巨大差异，现在人们的认知是很不够的。从长期和大范围的空间尺度上来看，我们对于森林恶化的后果知之甚少。这些分解者物种多样性的持续贫乏意味着什么？如果人类社会有必要采取立场表明这种恶化是我们愿意付出的代价，我们至少必须足够诚实地传达出这一代价是什么。我们还必须告诉人们，目前的采伐政策有很好的替代选项：在资源开采和保护物种多样性之间有更好的折中方式。科学的森林管理和伐木方法将使我们未来得到大自然“物业公司”支持的机会增加，因为将来我们可能会面临更热的天气、更大的降雨量和其他变化；科学的方法可以使树木在森林中倒下时，与菌根真菌纠缠在一起，成为成千上万的小甲虫的家，被分解并被土壤慢慢吞噬。这样，弹尾虫、菌根真菌、螨虫和细菌就可以继续在那里工作，直到养分被再次吸收，为新的枝桠和新的树木提供营养。

自从几亿年前土地上首次出现生命以来，尸体的分解及土壤的形成就已经开始，而我们知道，这种养分的循环利用是生命运转的先决条件。我的愿望是让更多的人了解枯树和栖息在枯树上的动物的重要性，并在腐烂的树枝上发现美好。同时，我们科学家会继续这些领域的工作，研究这些物种之间的联系，在联结生与死的循环中，记录这个棕色食物网中发生的一切，将碎片逐个拼起，摆放在巨大生命拼图底部的一个很小的角落。

驯鹿和乌鸦

"你这幽灵般可怕的古鸦，漂泊来自夜的彼岸，
请告诉我你尊姓大名，在黑沉沉的夜之彼岸！"
乌鸦答曰"永不复焉"。

——埃德加·爱伦·坡（Edgar Allan Poe）[1]，
摘自《乌鸦》（'The Raven'）

就像是《权力的游戏》（*Game of Thrones*）中一幕超现实的战斗场景——高原上有数百具无头尸体，其中有许多堆叠在一起，其他的则散落一旁。但它们不是战士，而是驯鹿——250头成年驯鹿和70头小鹿。毁灭就发生在一瞬间。因为大自然并不

---

1 埃德加·爱伦·坡（1809—1849），19世纪美国诗人、小说家和文学评论家。诗歌《乌鸦》于1845年发表，译文出自《乌鸦——爱伦·坡短篇小说精选》，江西人民出版社，2017年出版，曹明伦译。

可爱，灾难是自然秩序的一部分，是自然动态波动平衡的一部分，当大自然母亲挥舞起她的宝剑时，世事变得艰难。

2016 年 8 月的一个星期五，一场猛烈的风暴席卷了哈当厄高原东部。轰隆隆的雷声撕裂了高原上方的天空，在摩根（Mogen）和斯托达尔斯布（Stordalsbu）之间的山坡上，聚集在一处的一群驯鹿因感到害怕而挤得更紧了。突然间，闪电劈中了鹿群。

也许是前腿和后腿充当两极，使电流传导通过鹿身；也许是淋湿的鹿皮更具有导电性。不管怎样，雷击在眨眼间就杀死了 323 头驯鹿，甚至可能是整群驯鹿。它们躺在这里，被丢给大自然的清洁工来处理。

在记录这一事件的过程中，山姆——一位生物学家，也是我的同事（他主要对大型捕食者进行研究）——召集了一群年轻的科学家，在获得必要的许可后，打包好帐篷和设备就出发去考察这场大规模死亡。他们称这个项目为“REINCAR”——巧妙地结合了驯鹿（reindeer）、尸体（carcass）和轮回再生（reincarnation）这三个词。政府部门已经到达现场并取下动物的头部来检测它们是否受到朊病毒感染（鹿的慢性消耗性疾病，一种可怕的鹿科疾病[1]）。但除此之外，动物的其他部分会被留在那

1 朊病毒感染导致大脑变“空洞”，进而引发其他生理和行为异常，也叫作“僵尸鹿病”。

里，任由大自然处置。

科学家们建立起监测样地，并标记出 0.5 米 ×0.5 米的固定方块，以利于监测。有的样地在“战场”的中央，有的稍远一些，这样就能看出普通的山地生态系统和这个“尸骸岛”的区别。微生物、植物、昆虫、鸟类和哺乳动物都要被研究。

虽然大多数人可能认为尸体和腐烂很恶心，但动物尸体的分解是自然界中一个至关重要的必要过程。尸体就像是食腐者和分解者的临时餐厅、一座只在有限时间内提供丰富营养的岛屿。但是这里的竞争相当激烈，所以速度至关重要。20 世纪 60 年代美国开展的一项研究发现，被丢在南卡罗来纳州松林中的小猪尸体中，仅单具就有 500 多种昆虫和其他虫子。在短短六天内，90% 的小猪尸体都消失了——当然，尽管清洁工作的速度取决于温度和许多其他因素。

在海拔 1200 米的哈当厄高原上，进展并没有像上述这样快，但过程是一样的。各种大小的食肉动物早已聚集在尸体周围。有像丽蝇[1]和麻蝇[2]这样的昆虫，有覆葬甲（*Nicrophorus*）[3]（黑红相间的甲虫“清道夫”），还有哺乳动物和鸟类，如赤狐

1 双翅目丽蝇科（Calliphoridae）昆虫的统称。

2 双翅目麻蝇科（Sarcophagidae）昆虫的统称。

3 覆葬甲，鞘翅目覆葬甲属昆虫，又名埋葬虫、食尸虫，是一种食腐昆虫，食用动物死亡和腐烂的尸体。

（*Vulpes vulpes*）[1]、北极狐（*Vulpes lagopus*）[2]、貂熊（*Gulo gulo*）[3]、金雕（*Aquila chrysaetos*）[4]、乌鸦。这些较大的动物中有一些是杂食动物，也是机会主义者，可以吃死亡的动物、昆虫和植物体。尸体是所有这些动物的生命资源。同时，在将死去动物的营养物质带回生命循环方面，所有这些分解者发挥着至关重要的作用。

但是尸体消失之后，它们的影响并不会结束。连锁反应可能会持续数年，甚至数十年。这就是山姆和其他科学家想要进一步研究的问题：当雷击使高原上一整群湿漉漉的驯鹿停止心跳时，从更长的时间和更大的空间尺度来看，整个生态系统内部究竟会发生什么？

尤其是不知道从哪儿冒出来了许多的乌鸦。科学家们在架设好野生动物相机之后，从相机上看到了它们，单单一帧画面中可能就有数百只乌鸦。正如爱伦·坡在《乌鸦》[5]中所描述的那样，这“昔日的可怕、不祥之鸟”来自遥远的地方，但并非像诗中那

---

1 赤狐，犬科狐属动物，广泛分布于北半球。

2 北极狐，犬科狐属动物，分布于北极地区，体形较赤狐略小。

3 貂熊，鼬科貂熊属动物，分布于北极边缘及亚北极地区。

4 金雕，鹰科大型猛禽。

5 《乌鸦》是爱伦·坡1844年创作的诗作，叙述的是一位经受失亲之痛的男子在孤苦无奈、心灰意冷的深夜与一只乌鸦邂逅的故事。故事的基调凄怆疑惧，源于不可逆转的绝望。黑色的乌鸦落在白色的雅典娜雕像上，黑与白代表着阴阳两隔。悲怆之感随着乌鸦一声声“永不复焉”而加深，直至绝望到无以复加的终行。

样来自“冥府阴间”，而是来自高原的偏远地区。去吃吧。在它们的肚子里，乌鸦带来了之前吃下的食物的残留，其中许多乌鸦吞下了岩高兰（*Empetrum nigrum*）[1]的果子（用植物学术语来讲，这是核果，其种子外面包裹着坚硬的外壳）。

一旦乌鸦体内的消化工作完成，难以消化的种子就会出现在鸟粪中。科学家们在九成的乌鸦粪便中发现了可以萌发的岩高兰种子。这些乌鸦粪便集中在驯鹿周围，在那里，岩高兰种子处于完美的条件下，因为在死去的动物下方，矿质土壤露了出来，那些裸露的黑色土壤，对岩高兰种子而言还没有其他植物的竞争。这是因为腐烂的驯鹿造成的营养冲击使得土壤的PH值和氮含量迅速变化，以至于帚石南、沼桦（*Betula nana*）[2]和其他植物都消失了。

关于这个驯鹿尸体项目发表的第一篇科学文章恰恰说明了这个事实：这样的尸骸岛可能是动物传播种子的重要目的地。又因为乌鸦带着其他地方的种子飞来，环境中植物的基因多样性也可能受到影响。换句话说，这是不同植物种群的遗传物质随着时间的推移而混合的方式。

但这一切都需要时间，因为岩高兰生长缓慢。对于发了芽的

---

1 岩高兰，岩高兰科岩高兰属植物，核果浆果状球形，成熟时呈紫黑色，可食用。

2 沼桦，桦木科植物，又称矮桦树。

岩高兰小苗，科学家们计过数，也测量过，但预计研究在未来很多年内还会继续下去，还会有其他的专门研究和硕士论文。（来自研究样点的更稀奇的“结果”之一是发现了一张比索钞票——这是从一位墨西哥游客的口袋里掉出来的，他对驯鹿墓地非常好奇，非要去参观不可。）

如今，在那次雷击发生数年之后，一切残留物消失殆尽，只剩下难以分解的骨头。乌鸦走了。骨头碎片像是苍白的见证者，向我们展示大自然的清洁大师是多么高明。在骨头和岩高兰之上伸展着曲芒发草（*Deschampsia flexuosa*）[1]——一种普通的草种，生长在受干扰的、营养丰富的环境中，有一段时间会结出大量的红色花穗。这些草以其特有的红色色调为研究区域着色，仿佛为山地植被环境恢复的过程中的一个阶段作了标记。如果你在卫星图像上放大哈当厄高原的 Vesle Saure 地区，就可以看到 323 只死亡的驯鹿进入生态循环的痕迹，那是一块小的、粉红色的斑块。对于一群已经归于尘土的驯鹿来说，这绝对是一个“永不复焉”[2] 的例子。

---

1 曲芒发草，禾本科发草属植物，别名米芒。

2 引自爱伦坡的诗歌《乌鸦》，本句是诗中出现频率最高的一句话，也是乌鸦所说的唯一一句话。

7

生命织锦的经线

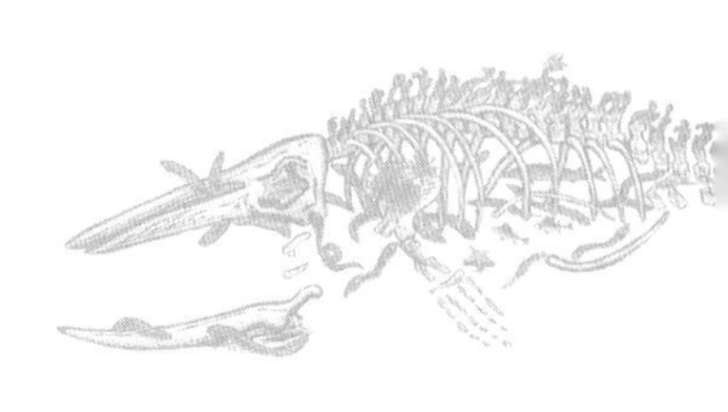

准备好来一段绕口令了吗？来试试这个：Prochlorococcus（原绿球藻）。这个名字在英语中的意思是“原始的绿色浆果”。这个在你舌头上弹跳着掠过的名字背后藏着一种微小的生物——蓝细菌（*Cyanobacteria*）[1]。但是不要被“原始”这个词欺骗了，我们现在谈论的是一种极其重要的制造氧气的生命机器。据估计，仅这种“绿色浆果”所进行的光合作用就占全世界光合作用总量的5%。

如果你在北冰洋和南大洋之间任何一处海面上掬起一捧海水，我保证你会得到成百上千的原绿球藻。但是，它的大小只有大约半微米（比一粒花粉或一滴发胶喷雾还要小），我们无法用肉眼看到它。在很长一段时间里，这种微生物隐藏在我们视线

1　蓝细菌，原名蓝藻或蓝绿藻，是一类进化历史悠久、革兰氏染色阴性、无鞭毛、含叶绿素a（但不形成叶绿体）、能进行产氧性光合作用的大型单细胞原核微生物。

之外，对于如此重要的微生物来说，这真是相当长的一段时间。直到20世纪80年代它才被一位名叫佩妮·奇斯霍姆（Penny Chisholm）的科学家发现，她将她的整个职业生涯都奉献给了这种绿色微粒。多亏了她的研究团队，我们现在知道原绿球藻在低营养水域中随处可见，从地表水一直到几乎没有任何光线的水下200米深处。它很可能是世界上个体数量最多的生物，大约有 3×10^{27} 个（大体上相当于一吨黄金中的原子数），每个个体每时每刻都在忙于吸收二氧化碳并产生氧气。我们呼吸的氧气有一半以上是在海洋中产生的。

光合作用是所有生命的基础，而原绿球藻是自然界最基础的支持服务的代表，支持服务这一生命过程是确保生态系统正常运转所必需的，其他产品和服务都以其为基础。这些是对地球上的生命本身至关重要的维护服务：光合作用和初级生产、栖息地的创造、养分和水循环、土壤生产、有害生物的调节。我们或许可以将这些自然商品和服务描述为生命织锦中的经线——纺织时在织布机上纵向伸展的线。数以百万计的物种及其栖息地交织在经线之间，创造出大自然以及我们从中受益匪浅的其他所有商品和服务。

“物业公司”的服务与这些支持服务之间的差异在于时间和程度——支持服务作用的时间更长，地域范围更大。但是从“物业公司”的服务到支持服务，过渡可能是平滑而连续的：虽然将物质降解成土壤的过程在几十天或几年内局部地发生，但谈及肥沃土壤的形成，我们可以将它视为一个缓慢的、全球性的过程，在数千年甚至数十万年间发生。

鲸落和白金

让我们再次回到大海：想象自己漂浮在海水中，四周一片漆黑。好冷啊！温度只有零上几度。你脚下的某处是一片荒凉的海底，上面是海水的上层，充满阳光、生命和能量的流动，原绿球藻和其他浮游生物在这里生产氧气，作为具有多样性的食物链的基石。你上方成吨的水产生巨大的压力，就好像你的头上站着一群成年大象。欢迎来到深海，这是一个不宜居的地方，位于地表以下 200 米，覆盖了地球表面整整三分之二的面积，90% 的海洋生物栖息于此。

这里有时会下雪，永不融化的雪——海洋雪。这种雪不是冰晶，而是来自海水上层的死亡生物的微小碎屑，它们为深海中的生命提供了急需的食物。千载难逢地，有块真正巨大的东西从上方落下来，这便是鲸落。仅仅是写出这句话就让我的头皮一阵发麻：在我的脑海中，一座巨大的由肌肉、脂肪和骨头构成的山峰在水中缓慢而庄严地下沉，其中有成吨的碳、氮、钙、磷——

这是鲸生命中的最后一次“潜水”。我不知道一头死去的蓝鲸（*Balaenoptera musculus*）[1] 沉到它最终的安息地需要多长时间，但从它着陆的一刻到所有痕迹都消失的这个过程长达几十年。

在一千米深的海底，食物供应有限，潜在的食物之间的时间和空间都相距甚远。深海中的鲸落就像荒芜沙漠中的豪华酒店自助餐，这是一处养料丰富的食物来源，下面的栖息者们从中开采绰绰有余的养分。鲸成了一个奇特的、在某种程度上未知的物种多样性的热点。

让我们快速鉴定一下你可能会在鲸尸体上发现的一种特殊生物种类——食骨蠕虫（*Osedax*）[2]。它也被称为僵尸蠕虫，属于环节动物，因此成为蚯蚓和水蛭这类物种的远亲。但这个类群的共同特征 [3] 在它身上并不算太突出：食骨蠕虫看起来更像植物，一端有根状结构，另一端有颜色鲜艳的、摇曳的羽毛。它们吃骨头，但没有牙齿，甚至没有嘴，而是用“根”来进食。“根”会分泌一种酸来溶解骨骼结构，并与生活在它们体内的细菌密切合作，分解骨骼并释放营养，而另一端的“羽毛”则充当鳃。自从该属在 2002 年被发现以来，已经证明该属还有许多物种分布在

---

1 蓝鲸是须鲸科须鲸属的一种海洋哺乳动物，共有4个亚种。蓝鲸被认为是已知曾在地球上生存的体积最大的动物，长可达33米，重可达181吨。

2 食骨蠕虫，环节动物门多毛纲动物，俗称食骨虫。

3 指环节动物的共同特征，即身体由多个相似的圆筒形的体节构成。

世界各地的海洋中。这促使一些科学家推测食骨蠕虫是否也吃鲸骨以外的其他东西。

食骨蠕虫的性生活有些不同寻常。雌性比雄性个头要大，用人类进行类比的话，相当于我有一个可以装在茶匙里的丈夫！而由于大海的深处是如此荒凉而孤独，它们很难找到彼此，食骨蠕虫就把事情简单化了：矮小的雄性就住在雌性体内，而且雌性不只有一个伴侣，而是有一整个后宫。

既然我们讨论到体形和性别差异，顺便说一下，雌性蓝鲸也比雄性个头大。由于蓝鲸是有史以来最大的动物，这意味着这个星球上最大的动物个体一定是雌性——一头大山似的蓝色母鲸。

虽然一头死去的鲸有益于海洋中的食物循环，但活着的鲸会有更好的效用。如果说亚马孙的树木是生物泵，影响永不停息的水循环，那么这些巨大的鲸所发挥的功能便是鲸泵：通过在一个地方进食并在另一个地方丢弃废物或死亡的方式，在海洋中输送食物——既沿着水平方向也沿着垂直方向。就这样，他们将食物带到需要它的地方，为其他生命带来巨大的连锁反应。

科学家们已经弄清大型鲸如座头鲸（*Megaptera novaeangliae*）[1]、

1　座头鲸为热带暖海性鲸类，其“座头”之名源于日文，意为“琵琶”，指鲸背部的形状。身体较短而宽，一般长达13~15米。

抹香鲸（*Physeter macrocephalus*）[1] 和蓝鲸是如何为将食物运送到最需要的海域提供帮助的。这些鲸潜入海洋深处寻找不同种类的食物——鱼、章鱼或磷虾[2]，然后游到水面上呼吸，并在这里排出粪便，粪便漂浮在水中。通过这种方式，鲸将营养和矿物质（如氮或铁）输送到地表水中。在一些海域，例如南大洋，浮游植物的生长受到海水中铁含量的限制。抹香鲸粪便中的铁浓度至少比水中高出 1000 万倍，因此鲸的存在会促进浮游植物的生长，这就意味着更多的光合作用，也意味着这些浮游生物能从大气中捕获更多的二氧化碳。在浮游生物短暂的生命结束后，其微小碎屑就会以海洋雪的形式沉入海底。对南大洋的一项保守的估计表明，那里的抹香鲸每年都会将数十万吨的碳运出碳循环系统并储存在海洋深处。

此外，许多大型鲸类动物会进行长途旅行，即我们所知的哺乳动物中最令人印象深刻的每年一度的洄游之一。例如，座头鲸在寒冷、营养丰富的高纬度的海水中进食，然后迁移到更温暖、常常营养贫乏的、靠近赤道的海洋区域产仔。鲸在产仔区通常不吃东西，只靠身上的鲸脂为生。但它们需要撒尿，而且它们排出

---

1 抹香鲸，头部巨大，下颌较小，仅下颌有牙齿，主要食乌贼。体长可达18米，体重超过50吨，是体型最大的齿鲸，头部可占身体的1/3。

2 磷虾，一种小型浮游动物，属磷虾目（Euphausiacea）。其英语名“krill”来自挪威语，意为“鱼的幼苗”。

的尿液富含氮，这种尿液通常是这些水域中的稀有商品（而且当生物体形很大时，这种尿液对于水域中的生物来说就变得很重要：一位冰岛科学家估计，一头长须鲸（*Balaenoptera physalus*）[1]平均每 24 小时排出 974 升尿液）。因此，从营养丰富到营养贫乏的海洋区域，鲸的长途迁徙成为食物传送带的一部分。

营养物质也被进一步转移到陆地上和淡水中，向上游移动并在那里死亡的鲑鱼可以完成营养的转移，更不用说在海上捕食并在陆地上大便的海鸟了（事实上，从卫星照片中就可以看到企鹅群落的大便，利用这些大便可以追踪海鸟）。我实在忍不住要将这些描述为“像屎一样热乎的”的食品运输服务，因为我们在此谈论的运输量是如此巨大：每年，海鸟向内陆运输 380 万吨的氮和 60 万吨的磷，而对于陆地生命来说，这是重要的营养来源。

沿着海岸筑巢的海鸟群则尤为重要。在这里，鸟粪经年累月地堆积起来，获得了一个美丽的新名字：鸟粪石（guano）。这个词起源于克丘亚语（Quechua），一种在南美洲安第斯山脉，大约有 1000 万人使用的语言〔顺便说一句，克丘亚语也是美洲驼（llama）和可卡因（cocaine）这些词的起源，它也是《星球大战》中的虚构语言“赫特语”（Huttese）的来源，就是长得像蟾

1　长须鲸，又名长箦鲸、鳍鲸、长绩鲸，是须鲸科须鲸属的一种海洋哺乳动物。它是仅次于蓝鲸的世界第二大动物。

蜍一样面目可憎的犯罪集团首脑赫特人贾巴所说的语言〕。在欧洲人于16世纪到达之前，南美洲的印加人用鸟粪做肥料已有数百年的历史。沿着海岸，每个村庄都有各自指定的可以收获鸟粪石的岛屿，而在鸟类大小便时干扰它们的任何人都将受到严厉制裁。

周游世界的德国博物学家亚历山大·冯·洪堡是将第一批鸟粪石样品带回欧洲的人。他非常怀疑当地人告诉他的事情——这些样品来自鸟的屁股。他想，这些鸟粪石简直太多了，因此当地人所到不可能是真的，相反他认为鸟粪山是遥远过去的一些神秘灾难的后果。

欧洲的化学工程师很快确定了鸟粪石是农田的超级食物，因为它极富氮、磷和钾——所有这些都是植物所需的重要的营养元素。大约在19世纪中期，接连而来的是一段段短暂但密集的大量采集鸟粪石的时期。在争夺“白金”的竞赛中，整个岛屿被夷为平地。美国甚至出台了一项特别的法律，即1856年的《鸟粪石岛法》(*Guano Island Act*)。该法律规定，如果美国公民发现了一座没有其他国家宣称主权的鸟粪石岛，则该岛可以被视为美国所有，它的发现者可以运走所有鸟粪石并卖掉——卖给美国人。

就像整个事件突然的开端一样，鸟粪石市场又迅速跌到谷底。白色的鸟粪山消失了，鸟粪石被开采、运走、播撒在农田里，为欧洲和美国小麦的麦穗和马铃薯的块茎生长提供养分。即使是当时更大的海鸟种群也无法产生足够的粪便以跟上采集的步伐。幸运的是，为了满足我们的食品生产，人工肥料在不久之后就被发明出来了。

在史前时代，大量营养物质沿着一条供应路线从深海流向海面，从海洋流向陆地，从沿海地区流向内陆地区。如今，这种流动已经中断了。就像上文提到的，大多数的大型食草动物已经灭绝。尽管一些鲸种群的数量现在正在回升，但仍然远远低于人类捕猎鲸之前的水平。许多鱼类种群已经消亡，海鸟种群的数量也已急剧下降。

尽管传送带仍在运行，但与以前相比，如今的传送带只携带了少量食物。研究表明，海洋哺乳动物从深海运输磷的水平已经下降到了以前的四分之一，而海鸟和洄游的鱼类从海洋向陆地运输的营养物质减少了整整 96%。在陆地上，从营养丰富的地区到营养不足的地区，食物分配越发不均，导致一些生态系统极度缺乏营养。与此同时，很难准确地说出最终究竟会出现什么样的后果，因为从逻辑上讲，我们缺乏 1 万年前土壤肥沃程度的相关数据。

大自然伟大的食物传送带的第一阶段——鲸将食物从深海运送到海面——尤其重要：如果磷和其他营养物质消失在深海的沉积物中，从我们的角度上来看，它们就失去了作用。我还想补充的是，我们目前正在清空地球上易于获得的磷储备，而且还有另一个论据支持将鲸和其他大型海洋哺乳动物的数量恢复到之前的水平——它们是将大自然的营养物质从海洋运向陆地的重要贡献者。

世界上最美的碳库

说到“碳”这个字，你会想到什么？烧烤的木炭、钻石、气候谈判？这些都与碳有关，但远不止于此。碳在星体之中诞生，而且正如我们所知，对生命至关重要。你在全身镜中看到的你自己，就是约 14 公斤整齐打包好的碳。你的呼吸也为碳循环做出了贡献，因为从海洋到陆地再到空气，地球上的碳处于一个永不停歇的循环中。

仓库通常是个沉闷无聊的地方。我的办公室所在的 NMBU 大楼深处，就有很多这样的仓库：一个又一个架子沐浴在刺眼的光线中，仓库的混凝土墙发出尖锐的回声。但大自然的仓库完全是另一回事。我曾参观过我认定的世界上最美丽的碳库之一——加利福尼亚的北美红杉林。我从未像这样同时感到自己如此渺小又如此伟大。

感到渺小是因为周围的树干太大了，大到我简直不敢相信自己的眼睛——就好像我是一只小老鼠，而这些树木是大象的腿。一缕迷蒙的雾气从树干和巨大的蕨类植物中掠过，就像是挪威人称之为“精灵之舞”（alvedans）的薄雾。如果仰起头，你可以在大约 100 米的高处隐约窥探到树冠所投下的绿色树荫。

同时，这里带给我一种广阔的、精神上的感受，使我对周围缓慢的生活产生归属感。美国奇幻作家厄修拉·勒古恩（Ursula K. Le Guin）[1] 所著的《世界的词语是森林》（*The Word for World is Forest*），描述的恰恰就是这种感觉。我缓慢地一呼一吸，希望呼出的气体能被高空中苍翠树冠里的一根针叶捕获；“我的”碳原子将被塑造成树皮和生物质，成为森林世界的一部分——世界上最美丽的碳库的一部分。

尽管北美红杉大到需要一小群人张开双臂手拉手才能环绕树的基部一圈，但大部分的碳并非存在于这些树干中。事实上，北半球森林中有超过一半，甚至可能多达 80% 的碳，存在于地下。

光是土壤就是一个巨大的碳库，不管它上面生长着什么。即便如此，土壤中的碳含量与大海相比，也不过是沧海一粟。海洋是广阔的，其储存的碳比土壤、植物和大气中碳的总和还要多。在永无止境的碳循环中，每一天、每一分钟，碳原子都借助光合作用、燃烧、降解、水的吸收和其他过程在这个系统中移动。但是大自然已经将绝大部分的碳（实际上占地球碳总量的 99.9%

---

1 厄修拉·勒古恩（1929—2018），美国重要的科幻、奇幻小说作家，多次荣获雨果奖和星云奖。她深受老子与人类学影响，曾耗时数十年投入《道德经》的研究与英译工作中，其作品常蕴含道家思想。

以上）存放在一个相当难以接近的地方——埋在地壳和地核之中的沉积物。当我们提取出石油和天然气等化石燃料，将碳释放，使之进入地面上的循环中时，我们扰乱了这一切。其影响应该是众所周知的：虽然陆地和海洋可以吸收大量二氧化碳，但大气中的二氧化碳含量仍在持续上升。在工业革命之前，大气中的二氧化碳浓度为 0.027 7%；到 2017 年，已经攀升到 0.045%。这会使温室效应增强，使地球变暖，人类需要面对随之而来的所有挑战。

海洋中发生的反应可能鲜为人知。空气中的二氧化碳越多，海洋吸收的二氧化碳就越多。这会降低海水的 PH 值，使海水的酸性更强。和公元 1750 年以前相比，全球地表水的酸度平均上升了 26%。海洋中有无数物种，从微小的浮游生物到巨大的珊瑚礁群落，它们的身体都由钙构成。钙是我们熟悉的蛋壳中的白色物质。当海水变得更酸时，其化学性质会发生变化，使得以钙为基础的物种难以产生钙质的外壳。尽管我们对海洋酸化的影响知之甚少，但我们确实知道挪威北部海域的海洋环境特别脆弱，部分原因是冷水比温暖的水能够吸收更多的二氧化碳。

俗话说，细节决定成败。这句话特别适用于碳循环，因为尽管自地球诞生以来，地球上碳的总量一直保持不变，而且几乎所有的碳都储存在地球的中心，但剩余的以数十亿吨计的碳的下落远非无关紧要。我们通过化石燃料排放到大气中的额外的碳可能正是产生重大后果的那种致命的细节。

健康的大自然可以控制疾病

大自然具有内置的疾病控制系统，涉及不同物种之间错综复杂的相互作用。我们最好熟悉一下这种机制。越来越多的研究表明，我们可以通过遏制自然退化、保护完整的生态系统及与之相伴的物种的多样性，来更好地确保我们自己以及家养和野生动物的健康。

有人说，生命可以被归结为一场对抗寄生物的战争。无论如何，寄生物确实有很多，而传染病是造成地球上四分之一的死亡的原因。这些传染病由很多种类的生物引起，其中以细菌、真菌、病毒和各种寄生虫为主。这些疾病中的大多数（60%）可以在动物和人类之间传播，例如COVID-19、狂犬病、禽流感、埃博拉（EVD）、寨卡热[1]、蜱传播疾病（如莱姆病[2]）和细菌引起的肠道感染，例如沙门氏菌。

近几十年来，出现了越来越多的传染性疾病，尤其以动物传播的疾病为主，这类疾病占新出现疾病的75%。这一切并非偶然。我们对地球生态系统和气候的广泛影响正在扰乱自然界控制疾病的支持系统，增加了疾病传播的可能性。

---

1 寨卡热是由寨卡病毒引起的传染病，以蚊子为媒介进行传播。

2 莱姆病是一种慢性全身感染性疾病，主要病原体是伯氏疏螺旋体，以蜱为媒介进行传播。

随着不断增长的人口通过农业、建筑和生境破碎化[1]对自然产生越来越多的破坏，我们将自己推向野生动物，与它们越来越接近。这增加了传播疾病的动物与人类之间，或野生动物与人类的家畜之间相遇和接触的机会。自 1940 年以来，所有新的由动物传播的传染病中有一半以上与农业和食品工业有关。

正如我之前提到的，用于食品和药品的野生动物的合法与非法贸易也增加了疾病传播的风险。在菜市场里，活的和死的动物，无论是野生动物还是驯养动物，都在恶劣的条件下挤在一起，这对人类的健康和动物福利伦理都是一种挑战。几乎可以肯定，近年来世界上出现的几种由动物传播的严重传染病是由野生动物的狩猎和贸易造成的，不仅有 COVID-19，还有 SARS、HIV、埃博拉和禽流感的变种。

大自然用于减少和控制疾病风险的内置系统，也因人类对大自然的干涉而受到了损害。这些可以以多种形式呈现，例如，一些物种相对于其他物种更适合成为细菌或病毒的宿主。而问题在于，当物种多样性降低时，“最适于”传播传染病的物种往往是兴旺繁殖的物种。以小型啮齿类动物为例——它们是能在任何地方茁壮生长的多面手，采用“打一枪换一个地方”的生存方式：

---

1 生境破碎化，又译“栖息地破碎化”，是指因人类活动所造成的栖息地分隔、碎片化，生态栖息地受到大幅度的干扰，以致物种或族群减少、生物死亡率增加及迁移率下降的现象。

它们的寿命很短，能量被投入到尽可能多地繁殖后代而不是构建像样的免疫系统上。

许多大型动物，例如捕食者，有迥然不同的生活策略。它们的寿命相对更长，有着更完善的免疫系统，因此对于许多传播疾病的生物来说，它们往往并不是太合适的宿主。在一个完整的生态系统中，这些生物可以作为一种防止疾病传播的缓冲，因为它们使接触传染源变得不那么频繁，即降低了传染病的发生率。但大型捕食者也需要大范围的生存空间，而且不会在靠近人类的地方繁衍生息。这就是为什么当我们改变自然时它们首先消失了；而它们消失时，疾病传播的稀疏效应也随之消失。就这样，人类的影响加强了加剧自然界疾病传播的条件，使其可能性不断提高。

大自然的疾病控制不仅与人类的健康有关，也与植物和家畜的健康有关。西班牙的一项研究提出，狼的存在可以限制牲畜中致命性疾病的传播，例如肺结核。研究表明，野猪是这种疾病的野生宿主，当狼杀掉野猪时，疾病的传播量会减少，而不会使野猪种群衰退。与没有狼相伴的野猪种群中有许多个体患有肺结核并可能因此死亡不同的是，可以存在一个数量近乎同样庞大的但患病个体较少的野猪种群，它们的种群数量由狼控制。

传染频率较低的好处在于，农民的家畜被感染的可能性也大大降低。上述研究的一位论文合著者指出，虽然狼也会杀死家畜，但政府为此支付给农民的补偿仍然只是其每年为防治动物结核病而支出的金额的四分之一。

疾病的控制是复杂的。尽管有许多悬而未决的问题，但IPBES很清楚，保护完整的生态系统及其原生生物的多样性将缩小传染病的传播范围。有一点很重要：公共卫生、动物健康和环境健康密切相关。通过对动物使用抗生素，通过现代农业和正在消失的物种，通过气候的变化，大自然的生态系统将人类的健康与家畜的健康紧密联系在一起。正如“同一健康”（One Health）理念[1]所强调的那样，我们必须以人类与自然相结合的整体方式考虑这一点。否则，我们就会使自己的孩子面临风险，可能使他们成为健康状况严重恶化和预期寿命大幅缩短的第一代人。

让我们来看一个自然的疾病控制机制起作用的例子。曾几何时，旅鸽（*Ectopistes migratorius*）[2]的种群相当庞大，常常一连数个小时遮蔽天空。这种鸟可能是当时世界上最常见的鸟，它们生活在北美洲，在树上大量筑巢，以橡子和其他种子为生。如果你属于某个个体数量以十亿计的物种，你会影响整个生态系统是毋庸置疑的事实。但事情很快发生了变化。科学家们估计，在人类对它们的种群数量产生影响之前，旅鸽显然占北美所有鸟类的

---

1 “同一健康”，也译为“全健康”“一体化健康”，指针对人类、动物和环境卫生保健的各个方面的一个跨学科协作和交流的全球拓展战略，致力于将人类医学、兽医学和环境科学三者结合以改善人和动物的生存、生活质量。

2 旅鸽，鸽形目鸠鸽科鸟类。

25%~40%。在 19 世纪后半叶的几十年间，这一个体数量众多的物种逐渐消失，就此灭绝了。砍伐鸟类栖息的森林和残忍的狩猎各自在其中扮演了一个角色。随着电报和铁路的发明，贪婪的猎人可以很容易地散布关于鸟群筑巢地点的消息，猎人们前往那里并将捕获的鸟类送到市场。仅在 1878 年的三个月里，就有 50 万只死去的旅鸽和 8 万只活的旅鸽从密歇根州[1]的一个筑巢地被火车运送出来——显然，同样数量的旅鸽又被装船运走了。

这本身就够可悲了，但旅鸽的灭绝也许还有其他不可预见的不利影响，因为不再有数十亿只鸽子在林地中四处刨食，鹿鼠[2]——一种类似于黄喉姬鼠（*Apodemus flavicollis*）[3]的美洲啮齿动物——突然在“种子自助餐”中分得了更大的一杯羹。当然，我们没有 19 世纪初至今鹿鼠种群的年度数据，但这种情况很可能导致了种群增长。鹿鼠的皮毛里布满了蜱虫，它们是蜱传播疾病的保虫宿主[4]，这些疾病会传染给人类，比如莱姆病。有一种理论认为，旅鸽的灭绝是越来越多的美国人患莱姆病的原因之一。

---

1 1878年，密歇根州是最后一个还有旅鸽群的州，全美国的捕猎者都拥向了这里。

2 鹿鼠，白足鼠属（*Peromyscus*）小型啮齿动物的统称。

3 黄喉姬鼠，属于姬鼠属。姬鼠属的黄喉姬鼠、黑线姬鼠（*Apodemus agrarius*）等是出血热、钩端螺旋体病等多种疾病的传播者。

4 保虫宿主，也称储蓄宿主。某些寄生虫成虫或原虫在某一发育阶段既可寄生于人体，也可寄生于其他脊椎动物，在一定条件下可传播给人类。在流行病学上，这些动物被称为保虫宿主或储蓄宿主。

这只是一个理论而已，已经无法被证实了。由于旅鸽已经永远消失了，这个理论的正误不可能被检验，但我们确实有当代研究支持坚果、鹿鼠和传染病之间的联系。如果某一年份有很多的橡子，那么第二年的夏天也会有更多的鹿鼠，携带传染病病毒的蜱虫数量也会随之增加。其他研究表明，在狐狸和其他捕食者控制老鼠种群的地方，蜱虫数量也减少了。但这是一个复杂的相互作用，涉及更多的参与者和因素。森林的破碎化会起到一定的作用，鹿的数量还有北美负鼠（*Didelphis virginiana*）的数量同样也会造成影响。

大多数美国人不怎么喜欢负鼠，尽管它们是有袋动物（袋鼠之类）在北美的唯一代表。一只负鼠的牙齿不少于 50 颗，在哺乳动物中拥有相对于体重而言最小的大脑。还有，人们一度相信雄性负鼠通过雌性的鼻子与她交配，然后雌性负鼠通过打喷嚏将孩子喷到肚子上的袋子里。因为雄性负鼠有一个分叉的阴茎，这似乎完美地匹配负鼠女士的鼻孔。事实上，尽管不太明显，雌性负鼠拥有一个与之匹配的分叉的阴道和两个子宫。不管怎样，就算有这么多有趣的事实，大多数人仍然认为负鼠是害虫——长相丑陋且像老鼠。

如果人们知道这种小家伙几乎清扫了它附近的所有蜱虫，他们对负鼠的好感会有所提升吗？事实证明，负鼠非常善于利用它与生俱来的 50 余颗锋利的牙齿（比其他任何哺乳动物对其牙齿的利用都好）。迄今为止，在六种典型的蜱虫寄主中，在揪出蜱虫并吃掉这些偷渡者这方面，它是做得最好的。因此，科学家们在对照研究中放置在负鼠身上的蜱虫，其中有不少于 96% 被阻止了与人类接触。

我们永远不会知道，如果旅鸽没有灭绝，世界是否会有所不同——例如，莱姆病是否可能不那么普遍。重点在于，我们常常不知道消灭物种的后果，也不会知道有什么自然商品和服务随它们一起消亡了。因为它们一旦消失，就是永远。

好饿好饿的毛毛虫

我们科学家做了很多古怪的事情，而创造力是优秀研究的重要组成部分。但是，如果有人碰巧经过我们研究组的博士生罗斯·韦瑟比（Ross Wetherbee）在 2019 年夏天为开展一项新实验而准备的橡树，他们很可能会扬起眉毛，心想这种乐趣会不会太过分了。

罗斯博士的研究与生活在空心老橡树中的所有昆虫以及在其周围环境中这些昆虫通过提供天然产品和服务而做出的贡献有关。有些昆虫的幼虫生活在枯枝或橡树的空心内，帮助将枯木分解成土壤。而有些甲虫的成虫会穿梭在花间，帮助授粉。橡树上的其他居民可能会加入某种森林“执法机构”，这些居民是捕食性昆虫，它们食用其它昆虫和小虫子，控制它们，以防止其数量过多，由此可见大自然被组织得很精妙——在捕食者和被捕食者之间保持着动态平衡。这是一场永无休止的比赛，参赛者必须紧紧握住缰绳，避免失去平衡。

我们最好厘清这些联系，因为当我们破坏被捕食者（或植物来源的食物）与其天敌之间的关系时，我们就会面临有关害虫（和杂草）的诸多挑战。我们大面积种植某种植物时，就是在为以这种植物为食的毛毛虫举办一场盛宴，同时也清除了捕食性昆虫的栖息地——这些昆虫通常会使毛毛虫的数量减少。

这就是我们想要研究的。我们的设想是，古老的橡树是这些饥饿的捕食性昆虫的来源地和聚集地。为了验证这个理论，罗斯制造了人造毛毛虫，即假毛毛虫。他用孩子们在幼儿园玩的那种绿色、棕色和黑色橡皮泥，捏了 720 条 3 厘米长、铅笔粗细的毛毛虫，其中有许多是在莫斯（Moss）[1] 到霍尔滕（Horten）[2] 的渡轮上的咖啡馆里制作的，它们引来了周围乘客的异样目光和窃窃私语。

罗斯在每只毛毛虫身上留下一小截钢丝，以便将它们固定在

1 莫斯，挪威东南部东福尔郡的港口。
2 霍尔滕，挪威西福尔郡的海滨城市。

大小树枝上。一半的毛毛虫被放在一株古老的空心橡树周围，另一半被放在附近的一株小橡树周围，并确保其所处的森林环境尽可能相似。

当假毛毛虫像这样被放置在森林中时，它们会遭到各种捕食者的攻击，这些捕食者误以为它们是真正的毛毛虫小吃。由于毛毛虫是被固定住的，几天以后可以再次收集它们以检查咬痕，而各种食虫动物（鸟类、哺乳动物和昆虫）会留下完全不同的咬痕。有咬痕的毛毛虫数量可以用来衡量有多少食虫动物出没。

以前就有研究人员使用过假毛毛虫。2017 年的一项重大国际研究启用了从澳大利亚到格陵兰岛的近 3000 只橡皮泥毛毛虫，以在全球范围内观察食虫动物的分布情况。他们发现了一个系统性的规律：赤道的毛毛虫被吃掉的可能性是极地圈的近 8 倍。造成这种差别的不是鸟类和哺乳动物，而是捕食性昆虫，尤其是蚂蚁。这展现了昆虫作为捕食者的重要性。

罗斯的工作尚未完成，但中期结果明显体现了差异：在老橡树周围有更多毛毛虫被咬伤。昆虫群落的比较也证实，在最古老的树木周围不仅有更多的捕食性昆虫，这些昆虫还表现出更大范围的群体特征。这使得捕食性昆虫的“执法机构”更加有效和强大。

举这个例子意在表明一个普遍的观点：自然界中发生的一切

都与捕食和被捕食有关，这些发生在一种不断发展的动态平衡中。自然界中的基本支持服务还包括防止单个物种完全占据主导地位（成为占领世界的巨型害虫或超级杂草）的机制。这是我们应该在更大范围内应用的知识，尤其是在农业中。我们如果在农业中更多地与大自然合作，就可以努力施行双赢的解决方案，利用大自然自身的系统来控制害虫和杂草，同时使用更少的农药和杀虫剂。这将使我们能够以更加可持续的方式种植更多的食物，至少与现在同样多。

尽管大多数人对此并不知悉，但这一观点获得了压倒性的支持，而且还有很多的例证。例如，在英国全境内的 250 多块田地中，步甲[1]通过吃掉大量杂草种子来帮助清除杂草，否则这些杂草种子就会在田地里扎根，从而增加对杀虫剂的需求，因此更多的步甲意味着更少的杂草。而在瑞士，在麦田边上种花的农民发现，小麦的主要害虫黑角负泥虫（*Oulema melanopus*）[2]造成的损害下降了 60%，因为留给大自然的小片土地为黑角负泥虫的天敌提供了一块栖息地。在法国，科学家们比较了大约 1000 个不同类型的普通农场。他们发现 94% 的农场可以在使用更少农药的情况下生产同样多的产品——事实上，有五分之二的农场可以

1 步甲，步甲科（Carabidae）昆虫的统称。

2 黑角负泥虫，又名谷叶甲虫、小麦负泥虫，属鞘翅目叶甲科负泥虫属，是谷类作物上的一种常见害虫。

见证产量的增加。在热带地区，保留咖啡和可可灌木丛上方的大树，可以提高针对天然的杂草和害虫的控制力，还可以提供许多其他的优势，例如在更长的时期内提高盈利能力。横跨英国、法国、德国和西班牙的一项实验研究则表明，农业景观中的异质性和小单元的划分促进了野生授粉昆虫的数量增长和种子产量的增加。正因如此，我们应该设法限制大型集约化农田的范围。

我还可以继续列举下去。各种控制杂草或害虫的物质会产生许多不良影响，使得生态系统变得不那么健全，导致自然、动物和人类中毒（根据联合国的统计数据，其中包含了每年数十万人的死亡，主要发生在发展中经济体）。考虑到这一点，结论更是不言而喻的。

利用大自然的服务来获得优质作物的时机早已成熟。我们可以通过恢复更具多样性的农业景观来做到这一点，其中自然植被、野花草甸和古树（就像罗斯正在研究的空心橡树）支撑着大自然的生态系统，以防止单个物种占据主导，同时还可以减少杀虫剂的使用。

8

大自然的档案

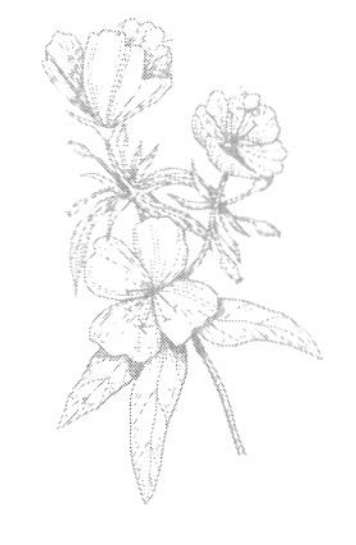

没有了图书馆，我们还有什么？

我们没有过去，也没有未来。

——雷·布拉德伯里（Ray Bradbury）[1]

如果你在奥斯陆地铁的终点站松恩湖（Sognsvann）下车，朝东边一瞥，就会看见掩映在松树林中的一座白色建筑。那是挪威国家档案馆，地下有四层深，有着防核弹爆炸的拱顶，[2]这座档案馆记录了挪威的历史——从画家爱德华·蒙克（Edvard Munch）[3]的遗嘱到1769年沃尔马河（River Vorma）沿岸主要干

1 雷·布拉德伯里，美国著名科幻作家，代表作有《火星纪事》《华氏451度》等。

2 挪威国家档案馆建在地下岩洞之内，容积共14万立方米，从底到顶的高度差为13米，上下四层。库房顶层采用拱顶式样，外面铺上柏油以作伪装。

3 爱德华·蒙克，挪威表现主义画家，代表作品有《呐喊》《生命之舞》《卡尔约翰街的夜晚》。

道的手绘地图（用虫瘿墨水[1]做了工整的标注）。在这里，你可以找到书籍、文件和缩微影片，还有超过600万张照片和大约10万张地图、图画。总之，所有这些材料都为我们描绘了过去发生的变化并揭示了其深层的原因。

大自然也有档案，尽管它们的形式完全不同：沼泽深处的花粉可以告诉我们不同的树木和植物在冰河时代之后何时扎根于挪威；格陵兰的冰芯样本揭示了数万年来气候是如何变化的；通过比较枯立木的年轮和旧建筑的木材，科学家们能够精心拼凑出一份年轮档案，其中记述了树木早期的生长条件、伐木作业和森林火灾；珊瑚、贻贝壳和鱼类的耳石也是档案材料，从中可以读到不同地域的变化。在本章中，我们将接触自然档案中的一些例子，并了解我们可以从中读出的信息。

1 植物遭受昆虫取食或产卵刺激后，细胞加速分裂和异常分化而长成的畸形瘤状物或突起叫虫瘿。由虫瘿中提取的鞣质和铁盐混合所配制成的一种黑褐色或紫黑色的墨水即虫瘿墨水，又称鞣酸铁墨水或铁胆墨水。公元5世纪至19世纪，铁胆墨水是欧洲主要使用的墨水，直到20世纪仍被广泛使用。

花粉的诉说

一粒沙里见世界，

一朵花里见天国；

手掌里盛住无限，

一刹那便是永劫。

——威廉·布莱克（William Blake），

摘自《天真的预言》（‘Auguries of Innocence’）[1]

花粉不仅与植物的生殖和花粉症有关，它还是一种信息来源，这些信息与早期的气候和植被有关，与我们在哪里可以找到石油有关，与石器时代的人们吃什么有关。不仅如此，花粉还可以揭露伪造的画作和假药，确定蜂蜜的来源，还可以帮助破案。

有数十万种植物会产生花粉，这些花粉粒很小，而各种不同类型的花粉粒的放大图像让我联想到孩子们吃的麦片——它们都呈块状、球状和椭圆形，表面有尖刺、细孔、疣状凸起、褶皱以及纹饰。一些花粉粒的形状看起来像咖啡豆、柠檬或高尔夫球，而另一些则让人联想到了侵扰人类的新型冠状病毒的形象。并非

1　英国诗人威廉·布莱克的长诗《天真的预言》的开头四行，译文出自丰子恺散文《渐》。

所有花粉都是黄色的，如果你看看满载而归的大黄蜂或蜜蜂的后足，就很容易发现。比如说，如果蜜蜂在春季的花园里从绵枣儿（*Barnardia japonica*）[1]收集花粉，花粉粒就会是蓝色的，而帚石南和覆盆子（*Rubus idaeus*）[2]的花粉则呈深浅不同的灰色。

从档案记录的角度，花粉可以提供很多信息：不同的植物有不同的花粉，因此专家可以在鉴定花粉粒时将其定位到科或属，有时甚至鉴定到种。花粉粒的表面由一些我们已知自然界中最具抵抗力的物质组成，保护它使其免受真菌和细菌的影响。因此，花粉不仅在沼泽、湖底和海底中保存得很好，在化石中也保存完好。最后，植物会产生大量的花粉，这些花粉通常会在短时间内释放出来，可见“花粉雨”这种说法不是无缘无故的。花粉粒可以通过风和水传播，或者附着在动物的皮毛上或鞋底上——基本上，它们几乎无处不在。

花粉以及其他微小、耐久的颗粒（如真菌孢子、昆虫壳的残骸或火灾产生的烟灰颗粒）可以帮助我们描绘出世界以前的样子，且可以作为如今环境保护的衡量标准。这个专业领域被称为孢粉学，在希腊语中意为“尘埃的研究”。

举一个例子：在被人类侵占之前，欧洲古老的天然森林是

1　绵枣儿，百合科绵枣儿属（*Scilla*）植物。

2　覆盆子，蔷薇科悬钩子属植物。

什么样的？是否像今天波兰和白俄罗斯受保护的比亚沃维耶扎（Białowieża）森林一样，郁闭的冠层下茂密而幽深？还是会因为大型食草动物压倒了小树，变成开放的、公园般的林地，而更像英国的鹿园或瑞典林雪平（Linköping）附近以栎树为主的景观？

为了了解更多的信息，科学家们使用空心钻从沼泽或湖床中获取岩芯样本。样本的层次就像图书的书页，其中的花粉粒和其他分散的“灰尘颗粒”就是单词。最新的研究认为，在之前的间冰期，森林曾经是更加开放的。直到人类消灭了大型食草动物，树冠封闭起来，森林才变得更茂密。然而，这本“书”很难读懂，而且留下了很大的解释空间。关于欧洲古老的天然林的争论，至今仍未有定论。

花粉和其他有机的“灰尘颗粒”可以告诉我们一些某人或某物去过哪里的信息，因此它们也被用于刑事案件侦查中，以揭露从伪造、盗窃到袭击、谋杀的所有罪行。

2008 年，一名妓女在新西兰被残忍杀害。在无目的犯罪发生数月之后，尽管经过了大范围的调查和数百次审问，警方仍然没有获得什么有用的线索。怀疑的矛头指向一个有组织的团伙，他们因犯下众多罪行而臭名昭著，这个团伙在发现尸体的地点附近拥有一家俱乐部会所。但警方没有证据表明这起谋杀与这家会所有关——直到他们请来了一名花粉专家。这位花粉专家发现，在受害者的鼻子中发现的禾草花粉有一个特殊的特征——一个额外的孔[1]。这只能是突变的结果，可能是由除草剂引起的。会所外的雀麦（*Bromus japonicus*）[2]就被喷洒过除草剂。这种草的花粉具有统一的独特外观，而且在来自其他可能的犯罪现场的许多花粉样本中，它是唯一一个与之相同的。警方就此确定了，这家会所的确有可能是谋杀的犯罪现场。这些有力的细节说服了一名帮派成员认了罪。他最终因杀人罪被判处无期徒刑。

利用孢粉学的另一个不那么毛骨悚然的例子涉及运往目的地的一船苏格兰威士忌。令人震惊的是，这些箱子在抵达目的地时，里面除了灰色的石头——准确地说是石灰石——以外什么都没有。有人已经拿走了高价的烈酒，但是盗窃行为是在哪儿发生的？在货物的发货地和目的地，石灰石都很常见，但通过对岩石中的微化石[3]进行更深入的分析，从而将它们与运出货物的港口附近的基岩进行匹配，警察最终确定了该去哪里寻找贪婪的小偷。

---

1 在花粉萌发时,花粉内壁从孔中向外突出，形成花粉管，因此叫作萌发孔。萌发孔的形状、结构、数目和大小随植物种类不同而异，是鉴别植物的依据。禾本科植物的花粉通常具有单个萌发孔。

2 雀麦，禾本科雀麦属植物。

3 微化石，指形体微小，以致一般肉眼难以辨认的化石，如孔虫、放射虫、介形虫、沟鞭藻和硅藻等的化石，以及某些古生物的微小部分或微小器官，如孢子、花粉等。

生命的环

“如此丰富的生活”，

你想着，

“这些年轮中环绕着

如此丰富的隐秘的生活！

那圆心

就像注视的眼中的瞳孔。”

——汉斯·伯利（Hans Børli），

摘自《来自伐木工人的日记》（‘From a Woodcutter’s Journal’）

挪威诗人兼作家汉斯·伯利忧郁地写下：100年的缓慢生长必须屈从于电锯“一分钟的钢铁咆哮”；继而又写下对树桩及其年轮的沉思——一圈又一圈，留下隐秘的生活痕迹。我们可以使用现代方法，像阅读档案文件中的文字一样阅读这些记录下过往时光的环。活树和死树的年轮告诉我们气候变化如何导致了罗马的衰落，并揭示了盗墓贼是何时潜入奥斯伯格（Oseberg）船葬[1]中四处活动的。这种分析确定了世界著名低音提琴的来源，也向

---

1 船葬，为维京人的丧葬方式。维京酋长死时，陪葬品里会有一条船以及他生前的战利品，死者本人也躺在船上。在挪威的利勒·奥斯伯格农场发现的一座船葬墓，被称为“奥斯伯格船葬”。

我们展示了勒斯特（Røst）教堂的祭坛画来自16世纪初砍伐的一棵波罗的海橡木。

树干的大部分由死细胞组成，这些细胞有助于保持树木直立，或促进水分在根和树冠之间的运输。树干有生命的部分位于木质部和外层树皮之间。在这个生长层中，每个生长季都会形成新的细胞，向外缘产生的新细胞将运输在光合作用下产生的树液。这些细胞最终会萎缩，这就是为什么树皮的内层相对于树干本身来说很薄的原因。向内产生的是新的木质细胞，这些细胞会导致树的周长增加。

温带地区有着四季分明的气候，这里的树木在春季和初夏生长旺盛，在夏末和秋季生长衰弱。年轮就这样形成了——颜色淡而宽阔的春材与颜色较暗且较窄的秋材层层相叠。这些年轮在针叶树和某些落叶乔木（如橡树）中很容易分辨。

年轮的宽度不仅会随着生长季节变化，还会受到气候变化的影响。干燥的夏季或寒冷、短暂的冬季会导致较慢的生长和较窄的年轮。因此，同一时期在同一地区生长的树木所形成的宽窄交替的年轮是相似的，我们可以借此来确定特定树木生长的时间和地点。年轮的研究被称为树木年代学（dendrochronology），字面意思是“树木时间的研究”。

就像松恩湖附近的挪威国家档案馆一样，每一块木头——无论是活着的还是死去的——对那些能够阅读树木时间语言的人来说，都潜藏着一个故事。以对奥斯伯格船葬的洗劫为例。在这个墓冢的深处躺着一位有权势的女人，公元 834 年，她与一艘维京船、独有的陪葬品、15 匹马、4 只狗和 2 把斧头，还有一个可能是她的女仆的人一起入土。

从她被埋葬在土丘中到中世纪之间的某个时间点，盗墓贼偷偷摸摸地来了。他们在通往墓室的土道中留下了六把铁锹和四只担架。由于这些工具是用橡木制成的，因此可以通过研究其中的年轮来确定其闯入的日期。唯一的麻烦是，通常的做法需要锯开木头的横截面，但以这种方式破坏文物是不可能的。作为替代，研究人员使用了类似于在医院拍摄 3D 影像时使用的 CT 扫描仪——尽管这种特殊的扫描仪通常被用于分析岩石样本。研究人员没有从分析中得出盗墓贼闯入的确切时间，但明确了担架是用 953 年仍在生长的橡木制成的。再结合对维京人的常识性了解，即他们通常在砍伐后不久就将橡木用于工具制作（否则它会变得坚硬，很难被制作成工具），这意味着闯入的日期可以缩小到 953 年到 970 年之间的某个时间点。

对年轮的解读应用于许多领域。谢尔盖·库塞维斯基（Serge Koussevitzky）出生于俄罗斯，是世界著名的音乐家和指挥家，以领导波士顿交响乐团多年而闻名。他是第一个翻译谢尔盖·普罗科菲耶夫（Sergei Prokofiev）的交响童话《彼得与狼》（*Peter and the Wolf*）[1] 的人〔这部作品被埃莉诺·罗斯福（Eleanor Roosevelt）[2]、索菲亚·罗兰（Sophia Loren）[3] 和大卫·鲍伊（David Bowie）[4] 等各种人物作为旁白朗诵过〕。

库塞维斯基最喜欢的乐器之一是一把低音提琴，据说它的制作者是著名的意大利制琴师家族的成员安东尼奥·阿玛蒂（Antonio Amati）和吉罗拉莫·阿玛蒂（Girolamo Amati）兄弟。2004 年，研究人员对这把低音提琴的年轮进行了检查。结果证明，制作乐器顶部的云杉树至少有 317 年的历史，这棵树在 1761 年还活着，而且很可能生长在奥地利阿尔卑斯山的林线附近。由于阿玛蒂两兄弟中的最后一位于 1630 年去世，这就排除了他们制造这把著名乐器的可能性。看来，我们反而必须将这把独一无二的俄罗斯低音提琴的制造归功于 18 世纪晚期的法国乐器制造商。

测定考古文物、建筑物、乐器和艺术品的年代令人兴奋，但年轮分析也使我们能够在历史资料不足的情况下获得有关自然与

---

1 作为受全世界孩子们欢迎的古典音乐入门级作品，《彼得与狼》吸引过很多不同领域的艺术家担任旁白与解说。

2 埃莉诺·罗斯福，美国第32任总统富兰克林·德拉诺·罗斯福的妻子，与波士顿交响乐团合作录制过《彼得与狼》。

3 索菲亚·罗兰，意大利影星，与俄罗斯国家交响乐团、前俄罗斯总统戈尔巴乔夫、前美国总统克林顿合作录制过《彼得与狼》。

4 大卫·鲍伊，英国摇滚歌手、演员，与伦敦交响乐团合作录制过《彼得与狼》。

人类相互影响的珍贵信息。森林火灾、雪崩或山体滑坡等重大事件也会留下痕迹。

在奥斯陆东北方向80公里的特里勒马尔卡（Trillemarka，挪威最大的森林保护区，也是我最喜欢的徒步旅行区），挪威生物经济研究院（Norwegian Institute of Bioeconomy Research，NIBIO）的同行们检查了近400棵被火烧伤的松树的年轮，以了解这个地区的火灾历史。当火焰穿过森林时，在背风侧的树干底部造成的损害被称为"火疤"。尽管这棵树还在生长，但造成的损害在年轮上清晰可见，像一道伤疤。这些松树讲述了一个关于气候和人类的故事：直到17世纪初，森林火灾都是大范围的、猛烈的，主要由气候驱动——雷击会在炎热干燥的夏季给森林点一把火。然而，在接下来的200年里，由于人口增长和刀耕火种的使用，火灾的发生越来越频繁，但规模越来越小。在那之后的200年里，火灾发生的频率下降，如今已降低至森林火灾几乎已经被消灭的程度——因为刀耕火种的农业在19世纪初停止了。而那时的森林正因它们的木材变得越来越有价值。

因此，我们可以阅读树木的年轮语言，以便更好地了解当前的森林结构是如何形成的，以及在人类带着链锯和伐木机出现之前是哪些过程塑造了森林。年轮分析可以帮助我们从历史中吸取教训。通过检查9000多件欧洲木制工艺品的年轮图案并将其与文本资料进行比较，科学家们揭示了过去2500年间降水量和温度的波动是如何与前工业社会的重大历史时期相吻合的。在古罗马帝国的黄金时代和中世纪的繁荣时期（约为公元 1000 年至 1200 年），夏季温暖，雨量充沛；而西罗马帝国的衰落和陷入困境的欧洲民族大迁徙恰好在公元 250 年到 600 年之间，一个气候变动愈发剧烈的时期。

尽管当今社会在短期内能够更好地承受气候变化，但我们的社会也并非对波动免疫。年轮的秘密语言告诉我们，气候对一个稳定、繁荣的社会是多么重要。也许这些档案讲述的故事可以为我们控制人为造成的气候变化带来更大的动力。

烟囱的“屎”话

想象一下加拿大的一座五层楼的砖砌老建筑，它的烟囱从一楼一直延伸到屋顶。作为在屋檐下筑巢的普通雨燕（*Apus apus*）的近亲，烟囱雨燕（*Chaetura pelagica*）在靠近最顶端的地方筑巢。雨燕是令人印象深刻的鸟类：它们几乎总是展翅飞翔，而且可以在飞行时进食、睡觉和交配。但是交配的结晶需要一个巢穴，而这个特殊的物种通常将巢建在烟囱中。鸟巢的结构简单，制作方法是将几根树枝粘在一起形成一种类似吊床的结构，再用唾液将其粘在墙上。鸟蛋就产在这里，幼鸟正是在这样的鸟巢中度过了它们诞生后的头几周，完成大量的进食和排泄。小鸟只需要将它们的屁股贴在鸟巢的边缘就可以了！

在我们想象的加拿大烟囱中，这个过程持续了 50 多年——烟囱在 1930 年左右停止使用，直到 20 世纪 90 年代初其顶部才被封闭。在最底部，烟囱的烟道里残留着几米高的鸟粪，一层又一层，只有拥有相当具有创造性的、灵活的思维才能理解这是一个宝藏，一个隐秘的宝藏。层层堆叠的雨燕粪便包含着一个时间序列，可以告诉我们这些鸟类 50 多年来的饮食情况，以及它们吃过的食物中的化学杀虫剂——例如 DDT——的含量。

在烟囱管道的最底部有一扇小门，科学家们可以通过这扇门爬进去，开始进行一项相当糟糕的工作——从 220 厘米高的“粪便墙”中挖出一条路来。经过两天的挖掘，他们移走了足够多的粪便，身体才可以站直，从不同的层中取样。一些样本被用来识别在鸟腹中结束生命的昆虫残骸——幸运的是，昆虫有非常耐久不易腐烂的外骨骼。为了确定这些层的年代，科学家们测量了各层中核爆炸产生的放射性同位素的水平。

样本显示，在 20 世纪 40 年代末这些鸟类的饮食发生了显著变化，这正是加拿大开始使用 DDT 的时期。在甲虫的占比急剧下降的同时，被称为“真虫子”的昆虫群（蚜虫、蝉、异翅亚目的昆虫等[1]）的占比上升了。其他研究表明，甲虫比真虫子更有营养，但也更容易受到 DDT 的影响。因此，这种强制的饮食的被迫改变会导致鸟类每次捕获的卡路里更少，从而难以获得足够的营养，昆虫的总数量也可能变少。但与其他大多数国家一样，在加拿大，很少有人会费心监测昆虫，因此昆虫总数量是否减少很难确定。

然而，我们确切知道的是烟囱雨燕的数量已经下降了。在加拿大，人们从 1968 年开始统计，直到 2005 年，烟囱雨燕的种群数量断崖式下跌了 95%；这个物种在全球红色名录中被列为易危物种，因其数量从 1970 年至今（2020 年）下降了 67%。烟囱中的鸟粪档案为烟囱雨燕的急剧减少提供了一种可能的解释。也许是禁用 DDT 的缘故，甲虫的比例在稍晚时期又有所上升，但尽管如此，鸟类饮食中有营养的昆虫的占比从未恢复到 20 世纪 40 年代初的水平。这是我们很难通过其他方式获得的认识。大自然的档案就是这样：虽然并非由写在纸上的文字组成，但仍然可以讲述故事。如果我们能够读懂其中记录的秘密，就会产生新的宝贵见解。

1　这些都是半翅目的昆虫。

9

适合各种场合的创意库

我不是要复制自然，

而是要找到她运行的法则。

——理查德·巴克敏斯特·富勒（R. Buckminster Fuller）

我的父亲是一名战斗机飞行员，我在挪威不同地区的空军军事基地附近长大。当我还是个孩子的时候，成吨的钢铁带着咆哮声从地面升起的非自然景象让我着迷，直到今天我仍然对此感到惊奇。我并不是唯一一个对飞行感兴趣的人。几千年来，人类在设法掌握飞行的艺术之前，一直满怀渴望地仰视着凌空飞翔的鸟儿。

有翼生物一直是不同文化中神话和宗教的核心元素——飞马珀伽索斯、天使和龙就是其中几个为人所熟知的例子。我们对鸟类的飞翔惊叹不已，并试图向它们学习，但数百年来，人们固执地认为翅膀必须上下摆动。早在 15 世纪末，艺术家和发明家列奥纳多·达·芬奇就草绘出一种“扑翼机”（ornithopter，来自希腊语“*ornithos*”和“*pteron*”，分别意为“鸟”和“翅膀”），即一种由肌肉力量驱动的机械鸟类服装。几个世纪以来，还有另外几个人用类似的设计进行了尝试。

但是拍动翅膀是徒劳的：人的身体太重，而我们的肌肉太弱。德国航空先驱奥托·李林塔尔（Otto Lilienthal，1848—1896）经过多次对信天翁（Diomedeidae）[1]的长时间观察，发现其滑翔数小时却没有拍动翅膀，而后在1890年前后掌握了滑翔飞行的原理，这才出现了解决方案。1903年12月17日，在美国北卡罗来纳州刮着大风的沙滩上方，人类正式地让自己飞升至属于鸟类、蝙蝠和昆虫的世界。虽然莱特兄弟的飞行器第一次成功飞行只持续了12秒，而且飞行距离比现代大型喷气式飞机的翼展还要短，但这一壮举说明了当人类运用所有的才智去模仿大自然时可以实现的成就。

近年来，鸟类激发了火车设计师的灵感，而蝇类则激发了数据工程师的灵感。其他物种也为智能材料的发明或交通拥堵的减少指明了道路。无论是处在战争年代还是和平年代，我们都会利用狗、鸽子和蝙蝠等生物为自己服务，这其中还有些令人惊异的、古怪的例子。

---

1 信天翁，信天翁科鸟类的统称。

世界上数以百万计的物种拥有许多尚未开发的智能解决方案。毕竟，大自然用长达数十亿年的时间使得这些物种得以发展进化。一些重要的原则也将自然界的有机过程与我们的技术方案区分开来：自然界的有机材料是在常温常压下产生的。大自然还尽可能少地使用资源和能源，回收一切废物——这是一个真正的循环系统。通过从自然的过程、材料和形状中汲取灵感，我们可以找到更智能、更可持续的解决方案来应对人类自身所面临的挑战。

莲之出淤泥而不染

愿以滴答如露坠
岩间清水
洗净浮世千万尘

——松尾芭蕉（Matsuo Basho）[1]

雨下得很突然，不是轻柔的、和缓的阵雨，而是持续的倾盆

1 松尾芭蕉，17世纪日本俳句大师，有“诗圣”之称。引文出自《野曝纪行》，译文出自北京联合出版公司2019年出版的《但愿呼我的名为旅人：松尾芭蕉俳句300》，陈黎、张芬龄译。

大雨。我们一共有五个人：我丈夫、我们的三个十几岁的孩子和我。我们只有四把伞。既然这次去日本京都植物园的旅行是我的主意，在分发雨伞时我中了下下签也是公平的。我的夏装开始像一件碎花棉质的潜水衣一样紧贴在身上。但与此同时，这场雨也带给了我们意想不到的收获，让我们见到了一个非常有趣的现象，它将我们的手机镜头对雨水的承受能力发挥到了极致。

我们站在莲花池旁，这是种浅浅的、凸起的水池。类似睡莲的植物从泥泞的池底伸出柔软的绿色的茎，但这些植物并不满足于像普通的睡莲一样让它们的叶子整齐地与水面齐平。不，莲花有更高的目标：就像是涡轮的一种变型，一株增速版的睡莲——它的茎挺立出水面，把叶子和淡粉色的花朵举到雨中，离水面半米。这创造出一个水中版本的童话森林，超越了舍伍德森林（Sherwood）[1] 中的一切事物。我明白为什么我在售票处拿到的巧妙的折叠地图（现在被雨淋成了难以辨认的纤维素糊糊）将池塘描述为“适合在《爱丽丝梦游仙境》中出现的森林”了。

我没有看到爱丽丝的任何迹象，但确实看到了一些超乎想象的东西。落在荷叶和荷花上的雨滴，只是反弹开来。它们像亮闪闪的银色球一样在叶子上翩翩起舞，然后跃过叶子的边缘或聚集

1 舍伍德森林是英国国家级自然保护区，位于诺丁汉郡，因绿林好汉罗宾汉传奇而闻名。森林中有很多超过500年树龄的老橡树，每年吸引大量来自世界各地的游客前来旅游。

在叶子中央熠熠发光的水潭中。水滴一路上带走了灰尘和污垢，留下淡粉色的花蕾和洁净得发亮的一尘不染的叶子。

这就是莲花在东方文化中被视为圣洁的象征的部分原因。在佛教中，莲花代表身体、心灵和言语的纯洁，因为它从欲望的泥泞中挣脱了出来。相传佛教的创始者，有佛陀之称的悉达多·乔达摩（Siddhartha Gautama）一出生便能行走，而且每走一步脚下都生出莲花。佛陀和一些东方神灵也经常被描绘成坐在莲花宝座上的形象。这种植物还因为拥有人类已知寿命最长的种子而备受尊崇：1982 年，美国的植物学家设法让一颗 1288 岁的中国莲子[1]发了芽。但是莲花是用什么完成自我清洁的呢？它怎么能如此有效地洗掉污垢？我们可以复制这个技巧吗？

这正是波恩植物园系统分类学和生物多样性教授威廉·巴思洛特（Wilhelm Barthlott）所想的。早在 20 世纪 70 年代，他就注意到一些植物的叶子在显微镜下看起来总是很干净。它们是特

---

1 指中国辽宁省新金县普兰店（今辽宁省大连市普兰店区）出土的古莲种子。普兰店古莲子最早在20世纪初期被挖掘发现。1923年，日本学者大贺一郎在普兰店地质调查时采到古莲子，经测定，这些莲子中保存时间最长的在千年以上。1955年，中国科学院植物研究所成功地将普兰店古莲子培育开花。1982年，美国加利福尼亚大学洛杉矶分校的植物学家简·舍恩-米勒（Jane Shen-Miller）将从中国科学院植物研究所带回的古莲子培育发芽，经年代鉴定，发芽的莲子中年龄最大的达1288岁。而1951年，大贺一郎在日本千叶县的一处遗迹中发现的古莲子，年龄至少在2000岁以上，其中一粒经培育开花结子，即如今著名的“大贺莲”。

别光滑吗？教授使用扫描电子显微镜比较了不同植物的叶子，这种仪器可以同时提供超大的放大倍数和景深。他在显微镜下观察荷叶时，看到的表面一点儿也不光滑——恰恰相反，他看到的更像是一个装鸡蛋的盒子的内部，有大量的小凸起。这些凸起的表面本身就是不光滑的。

而这正是荷叶能够自我清洁的原因：由于这些凸起，落在荷叶上的雨滴几乎不会与蜡质表面相接触；相反，水滴停留在凸起的尖端，从它们之间的空气垫中获得额外的支撑。这有点儿像一位躺在钉床上的苦行僧，因为他的体重分布在1000多根钉子上，所以没有一根钉子能刺穿他的皮肤。由于与荷叶表面的接触很少，水滴很容易从叶面滚落；而灰尘也与叶子表面没有太多接触，它很容易附着在水滴上并与之一起滴落。

巴思洛特花了多年时间完善自洁表面的想法，并将这个想法出售给工业界。直到20世纪90年代，“荷叶效应”（Lotus Effect）才被注册为商标，获得专利，并在一篇科学文章中公开。如今，你可以买到自洁涂料和自洁窗户玻璃。现在，科学家们还在继续研究使自洁表面的结构更牢固的方法（窗户玻璃通常比荷叶的寿命更长）并寻求新的应用领域。

科学家们也在深入研究大自然的创意库，从其他具有“雨衣特性”的植物中寻找灵感。其中包括将晨露聚集在叶子底部，凝成一粒水珠的羽衣草（*Alchemilla*）[1]。在野花草甸中，当其他植物上的露水消失后，羽衣草上仍然会长时间地留有水滴，因此古人一度相信这种水具有神奇的特性。来自羽衣草的“圣水”是炼金术士试图炼造黄金的重要成分：这一事实仍然反映在植物的属名“*Alchemilla*”——“小炼金术士”中。人们认为，这种水还可以治愈眼睛酸痛的毛病，但是需要让水滴从叶子上直接滴入眼睛，而做到这点不是特别容易——现在我们知道这是为什么了。

如果你观察放得极大的羽衣草叶片的图像，你会看到在水聚集的叶子底部有一片纤毛区，其间每根纤毛的末端都有一处隆起。纤毛有点儿像带刺的狼牙棒——一种杆上带个刺球的中世纪武器。这种纤毛结构使叶子收集的水略高于叶子的实际表面。因此，当阳光照射在叶子上时，它不那么容易升温，从而使水滴保留的时间更长。我们不知道这样对植物有什么意义，但这些保水的纤毛解释了为什么很难将叶子上的水倒到你想要的地方——例如，倒进你酸痛的眼睛里。

许多植物具有各种各样类似的疏水或吸水的表面结构——羽扇豆、红车轴草（*Trifolium pratense*）[2]和多色大戟（*Euphorbia*

---

1 羽衣草，蔷薇科羽衣草属植物，俗称斗篷草，英文名为“Lady’s mantle”（女士披风）。

2 红车轴草，豆科车轴草属植物。

epithymoides）[1] 就是其他正在研究的植物中的几例。随着人类进一步地了解植物界这些智能的微观细节，材料技术专家们设想着设计出能根据实际需要自主引导、控制水的太阳能电池板或其他表面。

新干线——鸟喙子弹头列车

在日本乘坐公共交通工具旅行非常方便。我们或许知道，在郊区乘车时，是在下车时付费，而不是上车时。[2] 大城市之间有始终准时的高速新干线列车，途经稻田和竹林，当这些植被生长得离铁路线太近时，在飞驰的列车上是很难看清它们的。列车车速无疑是相当快的——能够达到每小时近 300 公里。我试了好几次才成功拍到一辆通过站台的列车，往往在我有机会从口袋里拿出手机并打开相机之前，它就已经从我的视野中消失了。

这种极快的速度引发了一些问题。早期的新干线车型有着钝圆形的车头。当驶入隧道时，列车前方的空气被极度压缩；而

---

1 多色大戟，大戟科大戟属植物。

2 日本的巴士系统在东京23区以内为上车付费，票价固定。东京23区以外以及东京以外的都道府县巴士则是下车付费，金额依搭乘区间而异。

当这些压缩空气从隧道的另一端被推出时，会发出巨大的轰鸣声——有点像喷气式战斗机突破音障的声音[1]。对于住在列车沿线的人来说，这是非常讨厌的。

幸运的是，有一位负责重新设计列车的工程师爱好观察鸟类。他从翠鸟[2]的喙中汲取了灵感。这些蓝橙色的、红腹灰雀（*Pyrrhula pyrrhula*）[3]一般大小的美丽鸟儿（有时会成为挪威的异乡来客），会俯冲进河流和湖泊中寻找小鱼和昆虫。翠鸟长而有力的鸟喙末端收窄成一个点，当它顺畅地滑入水中时几乎不会溅起一点儿水花。工程师们测试了不同的列车设计，发现可以通过复制翠鸟喙的形状，来减少空气阻力、功耗，并减弱隧道轰鸣。

计划于2030年开始运营的新列车则更进一步。Alpha-X是新干线的新车型，最高时速将接近400公里。应用了翠鸟式空气动力学的第一节车厢车头将会更长，达到整整22米。设计师们希望通过这种方式，应用从大自然中学到的知识来确保这些速度更快的列车在运行时不再有烦人的噪声。

---

1 突破音障指飞机从高亚音速加速到超音速的过程。当突破音障时，飞机对空气的压缩无法迅速传播，因此逐渐在飞机的迎风面积累而形成声学能量高度集中的激波面，激波面上的声学能量传到人们耳朵里时，会让人感受到短暂而极其强烈的爆炸声。

2 翠鸟科（Alcedinidae）鸟类的统称。

3 红腹灰雀，燕雀科灰雀属鸟类，体长15~18厘米。

鸟类——更确切地说是猫头鹰——也可以帮助我们设计噪声更小的飞机。猫头鹰有着锋利的喙，它在夜间飞行时无声无息，被传说和神秘所笼罩。在欧洲文化中，从伊索寓言到小熊维尼的故事中，猫头鹰都象征着智慧，而有几个北美洲原住民部落将它们视为来自冥国的使者。这也并不让人感到意外，因为无声无息的猫头鹰似乎是从极度的黑暗中凭空出现的。

但猫头鹰是如何做到如此安静地飞行的呢？除了拥有相对于身体而言较大的翼展（这使它们能够减少拍打翅膀的次数），答案在于猫头鹰的羽毛结构中微小但至关重要的细节。其翼羽的前缘有梳子状的齿或点，用于分散湍流，否则湍流与前缘的相互作用会产生声音，而后缘的柔软穗状须边则进一步减弱了声音。猫头鹰的全身还覆盖着最柔软、最吸音的羽毛，摸起来手感不凡。几年前的一个深秋，当我有机会参加猫头鹰环志工作时，我试着抚摸过一次猫头鹰。手里捧着一只鬼鸮（*Aegolius funereus*）[1] 直到它被正式注册登记，然后看着它悄无声息地消失在夜色中——这一经历真的很神奇。

如今，受猫头鹰羽毛启发的降噪技术被应用在了电风扇的扇叶上，研究人员目前正致力于将这一技术拓展到风力涡轮机和飞机上。受鸟类启发的设计不仅可以降低航空交通的噪音，还可以

---

1 鬼鸮，鸱鸮科鬼鸮属鸟类。

减少燃料消耗。也许几年后我再去日本时，我会坐着带羽毛的电动飞机去那里旅行。

我可以这样梦想，不是吗？

永不消退的颜色

2018年7月的一天，正好在假期的中间，我的工作邮箱收到一封电子邮件。邮件附上了三张照片，是一只巨大的闪闪发光的蓝色蝴蝶，旁边还有一把尺子用作比例尺。这封电子邮件来自挪威东南部东福尔郡（Østfold County）的一位女士。她向我询问这是什么物种。这只蝴蝶飞进了她婆婆的卧室。她曾试图帮助它恢复自由，但后来发现它死在了地板上。这件事本身并不是什么离奇事件——但不可思议的是，看一眼邮件中的照片就会发现它是一只雄性的闪蝶（*Morpho*）[1]，而闪蝶这个属生活在南美洲和中美洲。那一年的挪威可能度过了一个热带般的夏天，但这并不能解释为什么热带蝴蝶会突然出现在大洋的另一边。

闪蝶确实看起来很奇妙。这个属的蝴蝶是我们所知最大的蝴蝶之一，它们的翼展可达到20厘米。但它们真正的特别之处在

1 闪蝶，闪蝶属蝴蝶。

于，该属许多种蝴蝶的翅膀背面闪烁着奇异的蓝色金属光泽，从不同的角度观察可以看到颜色变幻的细微差别。闪蝶翅膀的底面也很漂亮：它是棕色的，带有看起来像眼睛的大圆斑。

但翅膀表面的蓝色实际上并不是真正的蓝色，因为其中不含蓝色的色素。这种颜色是由翅膀表面鳞片中的微小结构产生的。我们这里所说的是一种纳米结构，大小在一毫米的百万分之一左右。在这种尺度下，如果你可以放大并观察鳞片的细节，你会发现每个鳞片[1]都被微小的脊覆盖。从横截面上看，这些小脊像圣诞树，树枝指向两侧。这些纳米结构将光线分解，以特殊的方式反射光线，使翅膀表面呈现出闪烁的金属蓝色。此外，半透明的鳞片位于具有纳米结构的鳞片的顶部，有助于颜色的扩展。

闪蝶的蓝色外观有许多吸引人的方面。它的色彩强烈而闪亮，因为没有涉及色素，其翅膀将永远保持原本的色泽，也不会褪色。因此，有许多研究致力于模仿蝴蝶翅膀的天蓝色。纺织业对此很感兴趣，因为他们想为其生产出的织物添加令人兴奋的特性。使用这些颜色还有助于减少纺织业对有毒染料的依赖。印刷业和安全部门也热衷于研究这一方面：例如，这些技术将使钞票的颜色编码成为可能，使钞票几乎不可能被伪造。这一技术还可以用于生产更高效的太阳能电池板或极其精确的化学传感器。

1　蝴蝶为鳞翅目昆虫，翅膀表面为鳞片所覆盖。

有人已经在实践中尝试蝴蝶风格的颜色。早在 2008 年，法国公司兰蔻就推出了一个化妆品系列，名为 L.U.C.I.（Luminous Colorless Color Intelligence Collection，“光 • 幻 • 色”系列）。这项获得专利的发明是将具有结构色特性的无色颗粒混合到化妆品中，以创造出该品牌所描述的“纯粹而强烈的色彩光晕”和“惊人的变化”。据我所知，这一系列已停止出售。或许其价格也很“惊人”。

还有闪蝶纺织品，在日本以摩尔佛纤维（Morphotex）[1] 品牌为名研发。其中的纤维由数十种纳米级的尼龙和聚酯薄膜组成，通过这种方法，无需使用一滴纺织染料就可以生产出红色、绿色、蓝色和紫色的纺织品。但目前的挑战在于找到廉价且高效的方法，以扩大结构着色材料的生产规模。新专利正在源源不断地产生，但出于竞争，大部分研发都在闭门进行。

在亚马孙热带雨林中，闪蝶还像以前一样振翅飞舞、无忧无虑，对于它们巧妙、自然和智能的特性在专利领域所引起的轰动浑然不知。对它们来说，这种颜色显然是一种向敌人发出的信号，当它们自信地在树冠上方飞舞，守护着它们的小小领土时，释放这种信号能让敌人保持距离。有许多人是从格特 • 尼加德肖格（Gert Nygårdshaug）的小说《门格勒动物园》（*Mengele Zoo*）

---

1 摩尔佛纤维由“Morpho”（闪蝶）与“textile”（纺织品）两个词组成。摩尔佛纤维由日本的日产汽车公司、田中贵金属工业公司和帝人公司等共同研究开发。

中知道的闪蝶，小说的主人公是个名叫米诺的男孩，他是一位生活在热带雨林中的蝴蝶收藏家。有一天，准军事组织人员出现在米诺的村子里。他们为了给石油工业扫清道路将不惜一切代价。

在现实生活中，亚马孙的闪蝶正受到栖息地破坏和非法采集的威胁。这些生物是世界各地蝴蝶屋的常客，很多人都渴望拥有天空的一角，用于装饰——将一只这样的蝴蝶挂在别针上。大规模的育种业务就在试图满足这种需求。

而这就是对东福尔郡出现神秘闪蝶的解释：附近的度假小屋有一位来自哥斯达黎加（Costa Rica）的客人，这位客人带来了具有异国情调的礼物——四只热带蝴蝶的蛹。它们已经孵化成闪蝶成虫，其中一只是有着美丽蓝色的雄性，它找到了出路，飞进了挪威的夏天，然后从那里进入了邻近的小屋——碰巧的是，房主的儿子在那里捧着《门格勒动物园》，正读到一半。东福尔郡的闪蝶在女主人的婆婆的卧室里结束了它短暂的生命。它最终被整齐地固定在别针上，成为一次长途旅行和一个奇怪的巧合的纪念品。

拥有黑暗之眼的飞蛾

红眼在照片里可不那么讨人喜欢。那个恼人的红点是眼球后部的血管反射闪光造成的；紧凑型相机[1]的闪光灯没有带来充满圣诞节欢乐气氛的肖像，反而营造出了恐怖电影的氛围。但如果你是一只飞蛾，你眼睛里的这种反光不仅难看，还非常危险。如果黄昏的微弱光线你的眼睛中发生了反射，那就像点亮了一座灯塔，将你所有的捕食者直接引了过来。这就是为什么许多飞蛾的眼睛表面有一层特殊的防反射层。我们可以效仿这一点，为手机屏幕、相机镜头和太阳能电池板制作更好的表面。

早在20世纪60年代，我们就知道了蛾眼效应（moth-eye effect）[2]，但它并不容易被模仿复制。同样，这也是一个纳米结构的问题：覆盖在眼睛表面的，是比可见光波长还要小的微小凸起。这些纳米级的凸起在空气和眼睛之间起到了平滑过渡的作用，因此入射光不会被反射，而是直接穿过。如果人类能够利用这种机制，意味着你可以拍下橱窗展示的照片，而不会看到自己的反射身影；或者，阅读手机屏幕、汽车GPS显示器或机场的大型登机牌会变得更容易。

更清楚地了解了纳米结构的制作之后，至少有两家亚洲公司生产了成卷的现成薄膜，你可以把它附在任何你想要的表面上。根据广告宣传，如果你用防反射膜覆盖透明玻璃或塑料表面，

---

1 紧凑型相机，指机身紧凑、镜头不可更换的小型便携相机，能够满足用户的日常需求，经常以街头相机、日常相机或者专业相机备用机的形式存在。

2 蛾眼效应，当材料表面次微米结构的尺度小于光波长时，将使得光波无法辨认出该微结构，于是材料表面的折射率沿深度方向连续变化，可减小因折射率急剧变化而造成的反射现象。

100% 的光将穿透表面；而对于没有覆盖薄膜的表面，穿透率则为 92%。这种材料也具有防水特性，就像荷叶一样，而且制造商夸口称他们已生产出了持久耐用的表面。

各种各样商品化的纳米薄膜也经历了水下测试。事实证明，海洋中的许多动物，例如章鱼或鲨鱼，其皮肤表面都有微小的结构。我们还没有完全弄清楚这些纳米结构在海洋动物身上起什么作用——也许这些结构有助于防止光线在水下反射，或者在它们游泳时减小水的阻力，也可能是防止其他生物在它们身上附着。当然了，与普通的光滑表面相比，黏黏的小型海洋生物，甚至细菌，更不容易附着在这些纳米级的凸起上。

这是个极好的消息。像这样的智能表面可以在不使用讨厌的化学物质的情况下减少船只吃水线以下小型生物的附着生长——不仅在水中，在人体中也是如此。目前，这种仿生表面也正在诸如牙齿、骨骼植入物以及导尿管等物品上进行测试，以抑制细菌的生长。

像黏菌一样聪明

我们现代的高科技社会引发了无数复杂的挑战，也提出了许多可能的解决方案。试着想想物流分公司，它必须将包裹分发给货车，并为货车选择应该行驶的路线。这正是现代计算机的计算能力的用武之地。大自然也有解决类似问题的方法，人们可以从相关知识中汲取灵感。

以蚂蚁为例。蚂蚁的世界里没有交通堵塞。即使它们覆盖了某个可用空间的 80%，它们也能畅通无阻地四处游荡，不会相撞，也不必停下来——这是人类在类似密度下无法模仿并达到的成就。在一项针对包含数十万只阿根廷蚁（*Linepithema humile*）[1] 的 35 个蚂蚁巢穴的研究中，科学家们建造了不同宽度的小桥，让蚂蚁可以双向通过，并设置监控摄像头来研究慢镜头下蚂蚁的交通状况。录像显示，每只蚂蚁都会不断地适应周围的交通环境，而且它们会根据周围蚂蚁的密度来改变适应的方式。如果有点儿拥挤的话，它们会加速通过；但在环境变得非常拥挤时，它们会放慢速度，停止互相问候，并掉头。在完全没有红绿灯或绕行线路的情况下，蚂蚁实现了我们只能羡慕的交通流量。希望其中一些运转机制可以在新的无人驾驶汽车中得到应用，使人类像蚂蚁一样拥有“街头智慧”。

事实上，有很多算法来源于自然与物种——成群结队飞行的鸟、表现得像一个生物体的鱼群。我的儿子正在学习成为一名数

---

1 阿根廷蚁在一个巢中有多只女王蚁，新的女王蚁不会为了交配而外出，而是直接继承旧巢；旧女王蚁则在旧巢旁另外筑巢。阿根廷蚁是世界上最庞大的蚁群，会利用人类的交通工具实现长距离迁移，其原本只分布在南美洲，现在已经遍布全世界，被列为世界百大外来入侵物种。

据工程师，他最近让我注意到了一种果蝇的算法，模仿了这些可爱的红眼小家伙们寻找食物的方式。更不用说还有“蜜蜂算法”，它的基础是蜜蜂的决策系统——是要表演一段摇摆舞让姐妹们一起去它刚来的地方采集更多的食物，还是独自返回来处。

大自然已经用了数百万年的时间来解决复杂的问题，而想法和知识可能会在你最意想不到的地方等着你，哪怕是在如黏菌[1]这般最简单的生物中。从孩提时代起，我就对黏菌有一种迷恋。开始只是因为它在森林里看起来很可爱，有着鲜艳的色彩和很酷的挪威名字，比如“巨魔黄油”和“女巫的牛奶”（其中第一个在英语中有一个明显没那么有魔力的名字：“狗呕吐黏液霉菌”[2]）。后来，作为一名学生，我被一位黏菌科学家的故事所吸引。他将研究对象安全地存放在培养皿中过夜——但在第二天早上回到实验室时，他惊恐地发现自己的黏菌已经逃脱了。

问题是，虽然黏菌是具有外部消化系统的分解者，但它们不是真菌；虽然它们可以移动、聚集和分离，但它们也不是动物；尽管它们会产生类似花朵的东西，但它们也不是植物。

作为被系统分类学霸凌的受害者，黏菌无法与真菌、植物或

---

1 黏菌，原生生物界变形虫门生物，又称黏液霉菌。黏菌兼具动物和真菌的属性，在黏菌的生活史中，具有类似动物可爬行摄食的营养阶段（变形虫、原生质团），也具有一种类似真菌的繁殖阶段（子实体）。黏菌的英文名是“slime mould”，就是虚构生物“史莱姆”的原型。

2 即煤绒菌（*Fuligo septica*）。

动物共处，而是被放逐到含有藻类和单细胞物种的国界，被迫和海藻、变形虫一起“玩耍”。这可能是不公平的：虽然黏液霉菌也许没有大脑（尽管它们确实有数百种性别，或者更准确地说是交配类型），但事实证明，它们能够完成令人惊讶的高级动作。

例如，你可以将一个亮黄色、黏糊糊的多头绒泡黏菌（*Physarum polycephalum*）放在一个有许多死胡同的迷宫中间，并在其中一些死胡同的末端放一点儿为黏菌准备的小吃，比如燕麦片。黏菌会将细小的分支送入所有通道以寻找食物。几个小时之后，它找到了通往餐盘的最短路线，并收回其他所有分支。你在迷宫中看到的会是最高效的路线。

2010 年，日本黏菌科学家以此证明黏菌的规划能力可以与人类工程师相匹敌。他们制作了一幅东京地区的微型地图，将燕麦片放在该地区最大的几座城市的位置上。通过改变地图上的光照，他们模拟了山脉和湖泊以及交通要道中其他物理障碍物的位置（黏菌会避开强光）。接下来，科学家们在首都的位置放了一团黏菌，然后等待。在不到 24 小时的时间内，黏菌就完成了任务——以最有效的网络连接起了燕麦小镇，这与实际的铁路系统有着惊人的相似之处。

后来科学家又给黏菌提供了几个类似的任务。有一篇科学文章在标题里尖锐地提出“从黏菌的角度来看高速公路是否合理”这一问题。当黏菌在世界各地的不少于 14 个模拟燕麦地图上被测试时，这团黏菌是在与全球的工程师竞争。比利时、加拿大和中国是黏菌的方法与实际的高速公路网络最接近的国家，但这又引发了一个问题，即（黏菌与人类工程师相比）谁才是真正构建了最佳方案的那位。

一旦我的工程师儿子完成了他的学业，黏菌、蜜蜂和蚂蚁就很难抢走他的工作。但也许我们仍然可以从黏菌、蜜蜂和蚂蚁那儿学到一些数学技巧，然后用它们来创建更高效或更节能的网络。

臭斑金龟和猎犬

当洞中那个男人醒来时，他问："野狗在这儿干什么？"女人说："它的名字不再是野狗了，而是我们的第一个朋友，以后你打猎的时候把它带在身边吧。"

——鲁德亚德·吉卜林（Rudyard Kipling）[1]，

摘自《独来独往的猫》（*The Cat That Walked By Himself*）

1　鲁德亚德·吉卜林，英国小说家、诗人，主要作品有诗集《营房谣》《七海》，小说集《生命的阻力》和童话体动物故事《丛林之书》等，于1907年获诺贝尔文学奖。《独来独往的猫》是《丛林之书》其中的一篇，用童话体裁讲述了远古时候的野生动物狗、马、牛等被人类驯化，而猫仍旧是独来独往。译文出自《原来如此的故事》，希望出版社1986年初版，曹明伦译。

大自然的创意库还包括我们与宠物的互动以及人类利用动物的不同方式。我自己就是一个快乐的狗主人。好吧，与其说我是狗的主人，不如说是看护人：我家里有一只来自导盲犬训练学校的狗，这只狗寄宿于我家以便它适应家庭环境和日常生活。有时，我照顾的是一只小狗，等它长得足够大，才可以接受测试和训练；还有的时候，我接手的会是一只已经在训练中的狗，它需要在一个寄宿家庭中度过假期。

养宠物可以让你更快乐、更健康。一只毛茸茸的、摇尾巴的金毛寻回犬或撒娇的小猫可以帮助人们减轻压力并改善心理健康。宠物也可能带来新的社交互动，或者让我们外出散步。但是动物也可以以完全不同的方式发挥作用——无论是在战争年代还是和平时代。

我认为狗一定是排在昆虫之后的最酷的生物。聪明又有耐心，它们的脾气几乎总是很好。更重要的是，它们的确拥有神奇的嗅觉。如果把一只狗放在人类刚走过的小径的拐角上，它在嗅过不超过五个脚印之后，就可以确定刚经过的人是朝哪个方向走的。

正因为如此，狗会被用来寻找受伤的猎物、走私的毒品或发觉人体内的疾病，这些我都已经知道了。但它们还可以被用于生物保护，而这对我来说却是个新闻——直到读到一篇关于甲虫猎犬的文章我才知道，这些猎犬可以在古老的空心树中寻找稀有和生存受到威胁的甲虫。这不是很棒吗？这个故事几乎包含了我喜欢的一切：昆虫、老树和狗。

这篇文章的故事原来讲的是一些意大利人已经训练出了一种“臭斑狗”，这种狗能够嗅探到栖息着隐士臭斑金龟（*Osmoderma eremita*）[1]的空心树，而这是一种全球范围内生存受到威胁的昆虫。通常，人们是通过寻找木霉找到隐士臭斑金龟的幼虫的，这些木霉是可爱的、柔软的腐木和真菌的混合物，在空心树里被发现。实际上，幼虫会通过啃咬这些木霉和略微腐烂的树皮进入古老的空心树中。

这种传统的搜索方式的缺点是需要时间，而且搜索时有伤害幼虫的风险。但是一只“臭斑狗”（受过专门训练的寻找甲虫的猎犬）真的可以加快搜索速度。“臭斑狗”找到这种稀有甲虫的时间比辨明木霉所需时间的十分之一还少：它只需要在树周围嗅几下。如果空气中有一丝隐士臭斑金龟幼虫的味道，狗就会乖乖地坐下来吠叫。

说句良心话，如果你正巧身处挪威，其实没有必要匆忙训练你四条腿的朋友去寻找隐士臭斑金龟。在挪威，只有一个地方可以找到这个物种：挪威南部的小城市滕斯贝格（Tønsberg）。我们原先以为它已经灭绝了，但后来它出现在了一座教堂的庭院

---

1 隐士臭斑金龟，鞘翅目臭斑金龟属昆虫，种加词“*eremita*”意为“隐士”，故译为“隐士臭斑金龟”。“臭斑狗”（osmodog）由臭斑金龟属（*Osmoderma*）和狗（dog）两个词组合而成。

里，如今，隐士臭斑金龟已被列为挪威《自然多样性法案》的优先保护物种。

但稍微令人欣慰的是，即使是嗅觉差得可怜的人类，也能闻到隐士臭斑金龟成虫的香气。如果你在夏末的一天里漫步在滕斯贝格老教堂的庭院，闻到一阵淡淡的桃子香味，好吧，这意味着空气中弥漫着爱意，因为隐士臭斑金龟的成虫正在用一种叫作“γ-癸内酯”（gamma-decalactone）[1]的芳香物质寻找伴侣并交配。这种物质闻起来像甜甜的水果，带有一丝桃子或杏子的气味。我们在化妆品和食品中也使用同样的物质。

如果你仍然想让你的狗为生物保护事业做出贡献，还有很多选择。挪威有超过1000种其他的昆虫受到威胁，其中许多物种可能有其特殊的气味，你的狗可以通过训练来识别和搜寻它们。狗还可以追踪稀有物种的粪便、定位外来物种，或者找到被风力涡轮发电机杀死的蝙蝠和鸟类。在智利，聪明的边境牧羊犬带着特制的袋子四处奔跑，在受火灾破坏的地区散播种子，使植被更快地恢复；而在美国爱荷华州，人类最好的朋友可以嗅到生存受到威胁的泽龟[2]的气味。要是对你来说以上这些都没有吸引力，何不就带着你的狗狗一起在森林里远足呢？

---

1 γ-癸内酯，天然存在于桃子、杏仁、草莓等水果中,有强烈的果香，稀释时有桃子香气。

2 泽龟科（Emydidae）动物，俗称水龟。

飞向地狱的蝙蝠

我在童年时最喜欢的书籍之一是《狮心兄弟》(*The Brothers Lionheart*)，这是阿斯特丽德·林格伦(Astrid Lindgren)[1]所著的儿童奇幻小说，将兄弟之情、忠诚以及在面对权力欲望、邪恶和龙时的勇气神奇地融合在一起。你还记得在樱桃谷和野玫瑰谷之间为约拿旦送信的信鸽吗？其实，鸽子(包括其他生物)在解决现实世界里的冲突时也发挥了作用。

以古斯塔夫(Gustav)为例，它也被称为"NPS.42.31066"，是一只灰白色的信鸽，它把盟军在诺曼底登陆的第一条信息安全地送回了英格兰的基地。作为对这一英勇壮举的回报，它后来获得了迪肯勋章(Dickin Medal)，这是动物在军事或民防服务中能够获得的最高荣誉。铜牌上刻有大写的"我们也服务"(WE ALSO SERVE)字样，共有32只信鸽、34只狗、4匹马和一只猫被授予了该奖章。顺便提一下，该奖章最近一次在2018年被授予给了Kuga。Kuga是一只澳大利亚军犬，2011年在阿富汗挽救了遭遇伏击的整个队伍的生命。

在第二次世界大战期间，曾有一个使用鸽子来定位炸弹的计

---

1 阿斯特丽德·林格伦，瑞典著名儿童文学女作家，代表作有《长袜子皮皮》《小飞人》等。

划。一位美国行为生态学家提议在导弹前部设置一个专门的鸽子驾驶舱。这些鸽子被训练在显示目标炸弹的屏幕上啄食，而连在鸽子头上的电缆会将炸弹导向目标。虽然这一项目并未落地，但另一个军事项目却用上了动物，那就是蝙蝠。

几年前，我曾在广岛待过。广岛市中心看起来与任何其他日本城镇一样，除了“核爆点”附近的商会废墟仍然矗立着，像一座纪念碑。身处高楼和大树环绕的公园里，很难想象 70 多年前这里的人们所经历的苦难。穿着西装裤和白衬衫的男人们步履匆匆地为上下班奔波。当地人在公园边上给宠物狗放风，游客们挥舞着自拍杆。然而，空气中有一种沉重感。有些气氛是不同的：更低调，更内敛，好像每个人都在努力地去体会。

公园的尽头是和平博物馆（Peace Museum）。你会在这里发现那些冷酷无情的事实，其严肃程度超出了我的承受范围。还有那些物件，就像在讲述着无声的故事。这辆三轮车是信的，炸弹落下时他正在自家门外玩耍。当他的父亲在废墟下找到他时，他还抓着三轮车的红色塑料车把。我看到因高温而熔化的茶杯，想起了塔莱·韦索斯的诗《广岛的雨》（‘Rain in Hiroshima’）：“当她伸出手 / 去拿茶壶时 / 一道刺眼的光——/ 没有了 / 一切都消失了 / 他们走了……”

我相信每个到过广岛的人都会问自己：如果美国没有投下原

子弹，会有什么不同？但很少有人知道实际上另外还有一个计划，一个听起来很疯狂但经过测试并被认真考虑为可行替代方案的计划，一个会散布混乱但会减少民众损伤的计划，一个用到数千只蝙蝠的计划——以及一位对自己的想法有着不可动摇的信念的牙医。

莱特·S. 亚当斯（Lytle S. Adams）是一位宾夕法尼亚州的牙医。1941 年 12 月，他去新墨西哥州度假，在那里参观了卡尔斯巴德洞穴（Carlsbad Caverns）——巴西犬吻蝠（*Tadarida brasiliensis*）[1] 的一个巨大群落的家园，当数百万的蝙蝠在黄昏时分离开洞穴时，景象蔚为壮观，令人印象深刻。

几个小时后，这位牙医听到日本袭击珍珠港的消息，脑子里灵光一闪。如果数以千计的这样的蝙蝠配备了微型自燃装置并降落在日本上空，会怎么样？

令人大为震惊的是，亚当斯的疯狂想法竟然成为一项军事研究项目被正式采纳。他与当时的第一夫人埃莉诺·罗斯福的良好关系可能起了作用。在富兰克林·德拉诺·罗斯福收到亚当斯的项目方案后不到一周，他通过军事渠道将这个方案发送了出去，并附上了一张纸条，上面写着："这人不是疯子。虽然这听起来

1 巴西犬吻蝠为哺乳纲、翼手目、犬吻蝠科、彩蝠属的动物，主要生活在巴西等地。

完全是个疯狂的想法，但值得关注。”

开发这种“技术”花费了200万美元和数年时间。六千只蝙蝠付出了生命的代价，但这位牙医并不那么关心动物福利。他几乎确信，上帝是为这个项目而创造了这些蝙蝠：“动物生命的最低形式就是蝙蝠，它们在历史上与阴间以及黑暗、邪恶的地区联系在一起。直到现在，它们被创造的原因仍然无法解释。正如我看到的，多年来，数以百万计的蝙蝠一直栖息在我们的钟楼、隧道和洞穴中，上帝把它们安置在那里等待这个时刻，在人类自由生存的计划中发挥它们的作用，并挫败那些胆敢亵渎我们生活方式的人的任何企图。”

美国军方研究出了一种蝙蝠炸弹，制作方法如下：取1000只蝙蝠，给它们降温，使其进入冬眠状态。在它们松弛的胸部皮肤上安装一个由凝固汽油制成的微型燃烧弹和一个延迟点火装置。接下来，将睡着的蝙蝠放在一个个硬纸板托盘上，托盘依次堆叠在一米半长、形状类似于传统炸弹的金属盒中。金属盒从飞机上掉下来，在降落伞下打开。这给了蝙蝠苏醒的时间。当这些蝙蝠飞起来时，凝固汽油点燃前的15小时倒计时开始。当时的设想是，就在这段时间里，数千只蝙蝠会飞下来，落在日本房屋的稻草以及竹子屋顶下的角落和缝隙中。

确实有证据表明这套机制能够奏效：在进行测试的空军基地中，有一些全副武装的蝙蝠逃脱，在飞机库里放起了火。尽管如此，蝙蝠炸弹计划从未付诸实施。100万只蝙蝠燃烧弹的大规模生产原计划于1944年5月启动，但在这之前几个月又被搁置。取而代之的是，美国军方选择将所有精力集中在制造另一种武器——原子弹上。

到了广岛和平博物馆的闭馆时间。我最后一个走出观看和收听目击者录像记录的房间。走进黄昏里，突然发现，面对着霓虹灯和冷漠城市熙熙攘攘的人群，我产生了一种奇怪的感觉，甚至在某种程度上感觉自己犯了错误：有点儿像背叛了所有死去的人和所有受苦的人，如此轻易地将他们抛在了脑后。

很难说如果莱特·亚当斯实施了他疯狂的计划——用蝙蝠结束第二次世界大战，结果会是怎样。这位牙医直到临终前一直争辩说，燃烧的蝙蝠会吓坏日本，让他们投降，而且不会产生原子弹所造成的巨大损失。

10 大自然的教堂

乾坤未始一切尚未奠定，
没有沙土也没有大海，
更没有阴凉的波涛。
天地未分，混沌一片，
头顶上没有苍天，
脚底下没有大地，
哪里来青草萋萋。

——《瓦洛斯帕》(VOLUSPÅ)[1]

1 《瓦洛斯帕》是北欧中古时期流传下来的神话古诗《埃达》（公元1200年左右）的第一篇，又名《女占卜者的预言》，叙述了从开天辟地到神族的太平盛世，直至神族毁灭整个阶段的故事。译文出自译林出版社2017年出版的《埃达》，石琴娥、斯文译。

2019年秋天，我在美国做一些关于书籍和自然的讨论。无论是在纽约市，还是在行程结束后的一个空闲的周末我所到访过的更北边的一些小镇，我经常会在当地酒店的床头柜上发现一台自然声音设备。这是一种闹钟收音机——除了广播电台，只有在这里，我还可以选择各种来自大自然的声音，比如“潺潺山溪”或“森林鸟语”。

我意识到在纽约市很难找到山溪，但这里仍然有一个令我感到讶异的悖论：我们几乎从不费心去照顾被遗忘的、真实的大自然，又怎么会被大自然感动到想要在预先录制的自然之声中入睡并醒来？

我们知道大自然给我们带来了生活乐趣[1]，保障了生活品质，提供了灵感和归属感。而且从两个街区外的城市绿地，到距离身边最近的道路数英里远的开阔山地高原，各种各样的自然环境都有这样的能力。大自然是孩子们的游乐场、训练场，也是人们在忙碌的日常生活中用来沉思的户外空间。正如我们所知道的，对于某个地方的一片荒野森林而言，再生和老化是由自然法则而不是由收割机的液压装置控制的。

与大自然共度时光会赋予我们一种感觉：我们属于比自己更大的事物的一部分——从虚无中生出的万物的一部分。有些人将

1 原文为法语joie de vivre。

此与宗教信仰联系起来，而另一些人则更多地将其视为对生命本身的深刻敬畏——对大自然浩繁的相互作用中复杂细节的迷恋和尊重。当我将自然称为我们的大教堂时，想到的就是这种敬畏之情。

当巴黎圣母院于2019年4月在巴黎被烧毁时，整个世界都为之哭泣，因为这座宏伟的大教堂既是现代的美好事物，也是令人敬畏的过往时光的遗产。许多人对这个地方都有个人的回忆，而我对这里的回忆来自德国凯尔（Kehl）的国际青年夏令营，包含在巴黎旅行的一个周末。我们未经许可偷偷溜进绵绵夜雨中，坐在运河边的墙上，一边唱歌，一边抬头望着玫瑰窗和浮雕。

正如我们试图在火灾后修复巴黎圣母院并保护这座文化遗产，我们也应该保护自然的遗产，并恢复已经因人类活动而退化的自然。因为大自然对人类不仅具有实用价值，还具有至关重要的非物质价值，这意味着无法对其进行衡量或设定价格。

这也是一个伦理问题，一个物种内在价值的问题，即我们有责任照顾自然。因为其他物种也有独立的权利来发挥它们的生命潜力，无论大小、美丑、有用与否，譬如甲虫、乳酪金钱菌（*Rhodocollybia butyracea*）[1]和海狸。

1　乳酪金钱菌，口蘑科金钱菌属一种常见的食用菌类。

林中有我，我中有林——自然和身份认同

在大自然中，有时我会体验到一种强烈的快乐。一种强有力的、专注的愉快感觉，深入我的胸膛，辐射到我的每一寸肌肤，让我想要欢呼和哭泣。这种感觉总是在森林中向我袭来，但不是在管理良好的古老工业人工林中。那里的树木都成排地站立，同样高大，同样宽阔。那样的森林也许很美，就像秋天阳光下的麦田也可以很美一样。但我狂野不羁的快乐隐藏在另一种不同类型的森林中，在倒下的原木和披上银装的枯死松树之间，在向着天空伸展出无精打采的树冠的古老云杉下。

我对森林有足够的了解，知道这不是真正的原始森林。挪威的大自然中到处都留下了我们人类的指印，如果你知道要来此寻找什么的话，你也可以在这里看到这些印迹。大部分的挪威森林将会被砍伐，这在未来几乎是不可改变的事实。即便如此，这些受保护的天然森林对我来说还是意义重大——对于我认知中的自我，对于我的身份认同。很多人都有这样的想法：大自然中的某个地方拥有他们的一小片灵魂。

对我来说，在天然森林中的快乐不仅是理性的，也是感性的。森林是绿色系的光和影的嬉戏。我靴子下是柔软的苔藓和各种质地的表面，从粗糙的松树树皮到光滑的水青冈（*Fagus sylvatica*）[1] 树干，还有各种各样的颜色、气味和声音。古老的天然森林有一种特殊的声音——生与死的和弦，一种自石炭纪（Carboniferous age）以来就在森林中唱响了数百万年的音符。这是死树斜靠在活树上所发出的声音，它们的树干和树枝相互刮擦，随着扭曲变形的树冠中沙沙的风声的节奏，嘎吱作响。

一位来自蒙大拿州的科学家同事曾告诉我，他刚搬到这里的头几年里，斯堪的纳维亚的森林让他感觉很不舒服。他无法确认个中缘由，但总觉得少了什么东西。有一天他猛地惊醒：缺少的就是这些声音！因为与他在美国习惯的受保护的原始野生森林相比，挪威的工业人工林是静默的。在人工林中没有死树的空间，你所听到的只是有关木材价格和未来投入量的轻声低语。

森林也有气味。皆伐林里有刺鼻的树脂和压碎的松针的气味，黑色的森林土壤有被木材集运机的轮胎碾过的气味。在成熟的天然森林中，香气柔润温和，并且随着你的行进而不断变幻。在由生到死、由死到生的瞬息变幻以及由此带来的希望的基调之上，深绿色苔藓的原始气息与阳光晒热的树皮的辛香交替出现。或许你会从一株死去的云杉上闻到一缕椰子的气味，它的树皮仍然完好无损——如果你循着那种气味找去，你会发现它的来源是

1　指欧洲水青冈木。

种呈瘤状的淡黄色菌层：一种叫做默里囊韧革菌（*Cystostereum murrayi*）的罕见真菌。

很久很久以前，整个世界上都是森林。它巨大、黑暗又充满危险，有野生动物和各种可怕的东西，令人类充满恐惧。人类只有在森林被砍伐并开辟出一片空地之后才能放松警惕——这是一个光线能够穿过的地方，是一个人们可以生活、耕种并感到安全的地方。几千年来，人类的梦想是驯服森林并控制它。

人类在很大程度上已经取得了成功。如今，挪威的大部分森林都是通过合理、高效的砍伐方式采伐的。与此同时，随着森林越来越小，人口越来越多，一个迥异的梦想出现了——找寻回到荒野的路，回到古老的、未受破坏的天然森林，回到我们的起源和赋予我们身份认同的地方。

而就在这样的森林给我带来强烈喜悦的同时，我可能会毫无预兆地感觉到一只黑暗的手攥住了这股光亮，让我猛地喘不过气来。我感到深深的悲哀，因为这样的森林几乎已不存在了。因为这些少数、微小的残留碎片正不断受到经济增长、对更多资源的需求以及我们的发展观念的威胁。有些人称其为“生态悲痛”，以此表明我们对所生活的星球进行了多么彻底的改变。

许多人在大自然中都有最喜欢的地方，他们喜爱的地方构成了他们身份认同的一部分。保存好这些地方是至关重要的。失去这样一个地方，就是失去了一点自我。

宅人——自然和健康

让我们假设你能活到 100 岁。如果你是一个平凡的欧洲人，那么你将在室内度过其中的 90 年。自从 30 万年前人类建造了第一座原始房屋以来，我们已经创造了越来越多大片的室内空间。例如，曼哈顿的室内建筑面积比其所在岛屿本身的表面积还要大三倍以上。

生态（ecology）这个词来自“*oikos*”，意思是“家”。生态学研究的正是我们的家。不过，我们在此讨论的不是客厅设计，也不是厨房样式的最新趋势，而是大自然，是窗户外面满眼的绿色（有时是白色）。你对自己的家——大自然，真正的了解有多少？英国科学家对此进行了测试。结果是，2000 名英国成年人中有一半无法认出麻雀。在另一项调查中，测试者向儿童展示了绘有英国常见动植物的卡片以及带有神奇宝贝（Pokémon）人物的卡片。8~11 岁的孩子在识别神奇宝贝的“物种”方面比识别真正的物种（如栎树或獾）要好得多。大约有 80% 的日本虚构角色得到了正确命名，而真实物种得到正确命名的数量则不到一半。

考虑到儿童户外生活和户外游戏的变化，这也许不足为奇。2008 年，发表在英国小报《每日邮报》（*Daily Mail*）上的一篇文章说明了这一点。这篇文章着眼于四代人中八岁儿童的活动权利的变化。曾祖父乔治出生于 1926 年，他八岁的时候是 1934 年，一家人生活在狭窄局促的环境里。乔治的大部分空闲时间都在户外度过，没有有组织的活动，也没有成人监督。他常常去他最喜欢的鱼塘，那里离家差不多有 10 公里。接下来的一代，祖父杰克八岁时是 1950 年。他可以去几公里外的当地的树林里玩耍，同样每天自己走路去学校。1979 年，在妈妈维琪八岁的时候，她在公园里和她住的街区里玩耍；如有需要，她还可以步行到 800 米外的当地游泳池。如今，她的儿子爱德华就在花园里玩耍。他不被允许步行去学校，他妈妈会开车送他去。如果他想骑自行车，妈妈会把他的自行车放在汽车后备箱，然后开车送他到一个他们可以一起安全骑车的地方。

幼儿园的情况也好不到哪里去。对奥斯陆 200 所新旧幼儿园的比较表明，每个孩子分摊的面积减少了近 13 平方米（1975 年之前与 2006 年之后建造的幼儿园相比较）。减少的面积中，大约 54% 是孩子们的户外空间，而停车位和接待区只缩小了 2%，这主要是因为停车位受法律监管。而讽刺的是，对每个儿童最小游乐区面积的要求则在 2006 年被取消了。

成年人待在户外的时间也比以前少了。我们白天变成了敲键盘的办公机器，到了晚上和周末变成了固定在屏幕前的沙发土豆。这是否意味着我们已经放弃了我们原来的“*oikos*”（自然），搬到了室内，四周满是镶木地板和百叶窗？大多数人都过着室内生活，而不会过多地思考我们失去了什么。但是我们作为“宅人[1]”的新生活会造成严重的后果。远离大自然会导致我们生病，这其中有几种机制在起作用。

一种是经常与大自然的土壤、植物和动物接触，有助于建立我们的免疫系统。这种关联被称为健康的生物多样性假说，涉及生物多样性丧失与非传染性慢性病的发病率增加之间的明显联系。与之相关的疾病是一些使人类免疫系统失控的疾病——多发性硬化症（MS）、类风湿性关节炎、哮喘、过敏、乳糜泻、炎症性肠病、1 型糖尿病。

在这项综合研究中，微生物起到了关键作用。生物多样性的丧失不仅与旅鸽和犀牛有关，还与人类身体内外的微生物有关，因为我们每个人都是一个行走的微生物乐园，里面住着数十亿个细菌。新的估计表明，微生物大概占了一个普通人的 200 克体重。如果没有充分接触土壤、动物和绿色自然使得我们在一生中遇到的微生物较少，那么我们的免疫系统就会变得不那么健全，

---

1 原文为“*Homo Indoorus*”，*Homo*是灵长目人科人属的拉丁属名，人属现仅存一种，即现代人类所属的智人（*Homo Sapiens*）。*Indoorus*意为“室内的”，故译为“宅人”。

从而更容易生病。支持生物多样性假说的新研究近年来也是层出不穷的。

一项完全不同但数量同样不断增长的研究探索了自然与人类心理健康之间的联系。统计数据显示，平均每年约有四分之一的挪威成年人出现心理健康问题。大自然为此准备了解决方案：长期活跃在绿色环境中可能是一种简单但有效的补救措施。这有益于你的健康，因此也有益于社会。

现在很多人都听说过日文术语“*shinrinyoku*”，或“森林浴”。这个术语最开始出现在 1998 年的一篇科学文献中，其中的研究表明散步可以降低糖尿病患者的血糖水平。查阅相关资料时，我在 Web of Science（一个学术文章的互联网数据库）上查到了 100 多条检索结果，在 Google 上则查到了超过一百万条结果。这些研究表明，在森林中游荡对人体的各个方面都有好处，从大脑活动、应激激素、脉搏和血压到情绪自我报告、睡眠和注意力等等。

不一定是森林，其他类型的自然也可以。2019 年的一项调查总结得出的结论是，“有充分的证据表明接触自然与健康之间存在联系”，尽管该项调查补充说，我们仍然缺乏了解造成这些影响的原因所需的大量知识。但是既然在大自然中漫步既简单、自由又没有副作用，那就没什么好考虑的了：只要系好鞋带，走出去就行了。就像很多挪威人对 COVID-19 做出的反应一样——

2020年春天，奥斯陆周围的森林中似乎到处都是徒步旅行者，每两棵树之间就有一个吊床。

最后一点是，我们需要了解自然才会想要照顾它。童年时期与大自然的接触和对大自然的积极体验会使得你成年后更有可能关注环境问题。对你很重要的成年人和你一起在户外消磨时光，向你展示自然，使你了解对他们来说意义重大的自然，这些也起着重要作用。所以，我们需要到户外去：去看，去摸，去听，去闻，去呼吸，去品尝，去感受；去当地的树林、公园、海边或冬日的山岭，品味户外活动的乐趣。毕竟，如果我们不熟悉自然，我们怎么能照顾它呢？如果没有人教我们的孩子热爱其他的生物，我们怎么能期望他们在拯救气候和自然方面做得比我们更好呢？

刷绿，刷白——观赏草坪和天然花园

我们为什么会如此喜欢某些经过精心修剪的人造自然景观，例如草坪？生物学知识又会如何影响我们对孰美孰丑的判断？几年前，我在盛夏时分旅行，途经加利福尼亚州。在中央山谷[1]，一亩又一亩土地栽种着极其耗水的扁桃（*Prunus dulcis*）[2]。一场干旱

1 加州北部农业生产的黄金地段，气候炎热干燥。

2 扁桃，蔷薇科李属植物，常见的坚果扁桃仁（巴旦木）是它的种子。

发生了：当地实施了限制用水措施。在城市近郊，前院的小草坪干枯、焦黄，见证了这场严重的干旱。但是即便如此，有人还是在其中看到了商机（典型的美式思维）。有家公司张贴了巨大的庭院标志来宣传它的服务："草坪枯死？干涸？刷它！"后面跟着一个电话号码。

我透过车窗偷偷拍下这个标志时，心想这就是人类对荒野的梦想终结的地方。用绿色的油漆喷涂你花园里枯萎的草丛来对生活进行伪装，这里的自然让我感到异常沮丧，好像一开始拥有一块真正的草坪都还不够糟一样。

草坪就像绿色的柏油路，生物多样性极其有限，尤其是当我们以偏执的热情来创造一朵花都没有的"完美"草坪，并诉诸各种各样的杀虫剂时。在美国，草坪所覆盖的总面积相当于挪威国土面积的一半，仅用在草坪上的杀虫剂一年就有 3.4 万吨。这减少并改变了自然的土壤动物类群，而土壤动物通常担负着将死去的植物回收变成新的养分的任务。结果是，美国人不得不在这上面施用 4.1 万吨的合成草坪肥料。

我们究竟为什么要这样做？为什么我们会认为草坪这么漂亮？为什么不能拥有一片繁花似锦、色彩鲜艳、蓬勃生长的，洋溢着气味、声音和昆虫生命的草地？草坪是一种文化现象，最初作为一种装饰元素在法国和英国的景观花园中出现。经过文艺复兴时期，草坪成了一种贵族尊贵身份的象征，通过以大片闲置草地作为装饰，上面没有任何放牧的动物，来展示自己的财富。这下是否能够解释草坪在全世界的受欢迎程度以及它占绿地覆盖面积的绝对主导地位了呢？

如今，草坪占据了全世界城市的大部分绿色空间，在有些地方接近 70%。在瑞典，草坪覆盖的土地面积在 50 年里翻了一倍。与此同时，留给自然的、鲜花盛开的草地面积在过去 150 年里则急剧缩小。草甸被建筑覆盖，或者因植物蔓生而变成了森林。这些情况在挪威也是一样：仅奥斯陆峡湾这一片地区，从 20 世纪 50 年代以来，就有大概一半开满鲜花的草地消失了。

我们在整洁的、精心规划的公园式的自然中生活得太久了，变得脆弱又金贵，还需要有人来提醒自然界中完全正常不过的现象。几年前，我在去往德国哈斯布鲁赫（Hasbruch）自然保护区的路上，看到了一块大红色的标志牌。标志牌上是当地政府的危险警告：在受保护的天然森林中（就像我当时正在冒险进入的那一片），树上的枯枝没有被移除，有可能会掉下来；在最坏的情况下，可能会砸到我头上（标志牌上还附了个夸张的图示，一个人倒在其中一根危险的掉落的树枝下）。我自己冒着风险进入了森林，一切继续。

但是，除了整洁美学外，还有其他的选择。漂亮并不等于整齐划一，自然的变化也并不那么危险。我们可以从相反的角度讨论让公园、花园或森林更加野蛮生长的好处，从而扭转这一趋势：一片拥有缤纷色彩、丰富气味、勃勃生机的野花草甸，会给两足物种、六足物种等带来乐趣；矗立的枯木是大自然自己的昆虫旅馆，可以容纳数千种昆虫，而一间人造的、商店购买的昆虫旅馆[1]最多只可以容纳十几种；别墅花园中一个美丽而凌乱的角落可以为各种捕食性昆虫甚至一只刺猬提供空间，为改善我们城市的生物多样性做出重大的贡献。

像植物一样聪明——其他物种会做的比你想象的多

从一个非人类的角度去看世界并没有那么容易。想象一下我们并未拥有的感知。例如，假设你是一株西红柿或一株含羞草，想想世界会是什么样子。我们受自己的观感局限所困，总是会加深一种傲慢的观念，认为我们应对生命挑战的方式是唯一的或是最优的。所以我们时常感到惊讶，例如发现植物能在三分钟之内对昆虫的嗡嗡声做出反应，增加花蜜中糖的含量从而吸引更多的传粉者。但是植物可能比你意识到的更像人类。

所有生物都有某些共同的基本过程：获取食物和能量，生

1 利用自然材料制作的供昆虫、两栖类等繁殖、栖息及越冬的场所。

长，排泄废物，运动和繁殖。所有存活的生物还必须能够感知周遭环境并做出反应，植物也是如此。很明显，植物能感知到重力，因为其根向下生长而茎向上生长。但是植物可能还有更多感知，尽管它们缺少像眼睛、耳朵或鼻子这样专门的器官。

当一本出版于20世纪70年代的书声称，如果给植物播放古典音乐，它们会生长得更快，这时关于植物是否能听到、看到、闻到和感觉到的讨论就走上了歧途。由于没有给出任何证据，很长一段时间以来，这个神话败坏了对植物感知的其他所有研究的声誉。如果你在维基百科上查找“植物感知”（plant perception），你还是会找到两种不同的参考资料：一种基于生理学的知识，另一种基于伪科学的论断。

现在，研究植物的音乐品味毫无意义，因为假如你正好是株蒲公英的话，无论是莫扎特还是金属乐队和你都没有任何生态上的关联性。然而，近年来出现了大量研究支持这样的观点：植物就像你我的孩子一样，它们能听见它们想听的。例如，拟南芥（*Arabidopsis thaliana*）[1]能够分辨出风声、昆虫的鸣叫声和暗脉菜粉蝶（*Pieris napi*）[2]的毛毛虫幼虫啃咬叶子的声音：植物听到毛毛虫那不祥的声音，就会在自己即将被啃咬时产生更多的防御性

1　拟南芥，十字花科植物，是一种广泛应用于植物科学研究的模式生物。

2　暗脉菜粉蝶，鳞翅目昆虫。

物质。一种柳叶菜科（Onagraceae）[1]的植物可以感知到蜜蜂的嗡嗡声（或同样频率范围的合成声音）并做出反应，产生更甜的花蜜。植物是怎么听见的呢？我们仍然不清楚细节，但是花朵本身的作用似乎就像是外耳，如果将花瓣摘掉，反应就消失了。我们只能猜测植物生长在如今喧闹的城市中的结果。

更容易被接受的是植物能够“看见”，它们能够对光做出反应，尤其是红蓝光。这应该是不言而喻的，因为植物需要利用光来制造糖分，所以如果你是株植物的话，光意味着食物。我们都见过植物的茎是如何向着光源伸展的。因为在枝端的光受体会发出信号，使得枝条背阴面的细胞伸展，生长得更长，所以植物会向着光的方向弯曲。植物也能够“看见”它的长叶子邻居，因为当光透过或被其他植物反射后，不同波长的红光之间的比值会发生变化。

嗅觉，或者说感知气态的化学物质的能力，对植物也很重要。要避免把苹果和其他水果一起放在厨房台面上的原因是，水果会释放大量的乙烯，这种物质会加快成熟的过程。自然界中的许多水果会对这种来自邻近水果的嗅觉物质做出反应，产生自己的乙烯。就这样，植物保证了它们果实成熟的协调一致，这是一种吸引生物前来取食并散播种子的重要方式。然而，如果这些水

1　柳叶菜科是双子叶植物纲蔷薇亚纲的一科。

果一起堆在你的厨房台面上，放在苹果旁边的水果很快就会熟过头了。你可以测试一下，把两根没熟的香蕉放在各自的拉链袋里，其中一个袋子里放进一个苹果，这个袋子里的香蕉会更快地成熟。

但植物也用其他的方式运用嗅觉。一项经典的研究展现了一种寄生性的美洲攀援植物——菟丝子[1]是如何吸收邻近植物的芳香物质，将它摇摆不定的卷须直接伸向不幸的受害者的。菟丝子能够区分出它们最爱的番茄的香味，和它们不那么感兴趣的小麦的香味。如果你看到这个过程的加速视频，就会意识到“植物只是行动缓慢的动物”这个开玩笑的说法是有道理的。

例如，还有研究表明，番茄可以感知到它们的邻居被毛毛虫啃咬叶子时所分泌的气味，并对此做出反应，增加自身所产生的防御物质。当毛毛虫来到时，这些叶子就有了更好的防备。对这种现象的表述方式有一些重要的细微差别：对邻近植物的气味做出反应，不同于受到攻击的植物“警告”它的同类物种——第一种说法在进化的背景下是合乎逻辑的，第二种则包含了没有证据支持的有意识的交流愿望。

味觉与嗅觉密切相关：试想一下，当你因鼻塞而无法闻到气

---

1 菟丝子，旋花科菟丝子属植物，此处指五角菟丝子（*Cuscuta pentagona*），原产北美洲。

味时，食物会变得多么无味。植物的“味觉”和“嗅觉”也并非孤立，因为同样的物质可以以气态的形式被感知（嗅觉），也可以溶解在水中被感知（味觉），所以我们可以将植物的根系对土壤中的化学物质的感知和做出的反应称为“味觉”。植物可以利用它向着水或食物最多的地方生长，或者识别出其他植物的根。

植物感知能力的最佳例证出现在包围住它们可怜的猎物的食虫植物中，此外还有含羞草。含羞草也被称作敏感植物或者“别碰我”（touch-me-not）。顾名思义，它的叶子会对触摸做出反应，作为一种对放牧取食的防御。我记得有一次和我的小孩一起在热带森林徒步旅行时遇到一株含羞草，那个时刻让我觉得，兼具生物学家和母亲两种角色就是成功的秘诀：尤其是在我三岁的孩子没完没了地用他胖乎乎的食指去抚摸小小的叶子，然后看它们“啪”地合上的时候。

含羞草是被用于仍然存在争议的革命性实验的植物之一，这些实验结果表明植物既可以学习又可以记忆。当一株含羞草的叶子反复掉落时——就像蹦极一样——它显然习惯了这种情形，并且相应地停止了叶子的闭合，即使它在受到其他类型的压力时叶子还是会闭合。就好像一次的闭合还不够一样，这株植物对“蹦极”状态下所要做出的反应，记了整整一个月。

这样的想法并不新鲜。英国博物学家查尔斯·达尔文（Charles Darwin）记录过关于植物的感官知觉，他的观点是植物的胚根或根尖与“一种低等动物的大脑”没有什么不同。1908年，他的儿子——植物学家弗朗西斯·达尔文（Francis Darwin）在英国科学促进协会（British Association for the Advancement of Science）上做了一场关于这个主题的讲座。《纽约时报》（*New York Times*）用整页的篇幅和满满的图片报道了“植物心理学”的故事，据报道，这些故事让在场的大胡子科学家们惊愕不已。

而这就是问题的核心，将我们带回到起点。我们人类患有植物失明症，无法看到我们富含叶绿素的远亲，而且不愿意去理解隐藏在那堵绿墙后的东西。或者，正如不久前一位植物学家慷慨指出的那样：我们不仅患有“植物失明症”，还患有“除脊椎动物以外任何事物的失明症”。在一个植物（占所有生命重量的80%）和虫子（占所有已知动植物物种的75%）占绝大多数的星球上，我们人类真的应该为自己仍旧如此短视和自恋而感到自豪吗？

来自朋友的一点帮助——错综复杂的相互作用

当我们对大自然使用“内在价值”这个术语时，这意味着我们认为它有其自身的价值，而不是利用价值。但是更具体地说，这意味着什么呢？挪威《自然多样性法案》的规定声明：“承认自然的内在价值意味着接受自然拥有其应有的权利，即免于伤害的受保护的权利，其中包含这样一种观念：其他的生命形式，无论对人类有用与否，其所拥有的生存权都是不言而喻的。这其中包含着尊重自然相互作用的因素。在这种相互作用中，生物和非生物结合在一起，形成了构成自然的复杂而精细的织锦。”

上述过分严谨的表述让人糊涂而且也许不太容易理解。对于并非哲学家的我们来说，谈论自然的内在价值并不容易。语言“走在一条狭窄的小径上”（可使用的语言相当有限），一边是拒人千里之外的专业术语的荆棘丛，另一边是陈词滥调的流沙。我们有生态学、经济学、哲学的术语，但我们很难用一种避免将人类视为接受者而把自然当作服务提供者的方式，找到能够表达出自然的潜在含义的日常用语。在我们称之为自然的复杂织锦交织起来的无数精巧的相互作用当中，下面这个例子是其中之一。

有时候你会需要来自朋友的一点帮助，比如，如果你是一个早产儿，就必须在保温箱中开始生命的最初阶段。我们知道的一些极为美丽的花儿也是如此，如兰花。许多兰花的种子小得令人难以置信，几乎像尘埃一样。这是因为兰花的种子没有像其他植物一样带上它的自备午餐。它没有任何用于茎的生长的食物储备，直到它扎下根来。这使得兰花种子完全依赖于好心朋友的帮助——在这个例子里是菌根真菌，它们像手套一样套在植物的根上（部分伸到根的内部）。地球上的大多数植物在长大之后，它们的根系上都有这种真菌手套——或者我们应该称之为“脚趾袜”。

兰花和它的真菌伙伴之间关系的不同寻常之处在于，这一关系开始得太早了。真菌将轻如羽毛的兰花种子装进用柔软的菌丝组成的培养箱。在培养箱里，无助的小种子在开始时有食物和水的供应，直到它形成了自己的根、茎和叶。只有通过这种相互作用，种子才能够发育成一株美丽、成熟的兰花。

兰科是植物界里最大的科，拥有 2.8 万种已知的物种。实际上，地球上每十个物种中就有一个是兰科植物。它们奇特、令人惊艳，而且极为多样。也许你对兰科植物的了解更多来自花店，你在花店可以花 15 英镑买到来自遥远热带的白色或紫色的兰科物种。事实上，尽管大多数兰花的确来自热带，但即使在挪威贫瘠的土地上，还是有 40 多种不同的兰科物种设法在稀疏的森林和富含钙的山丘上找到了立足之处，其中有些小而朴素，通体青白，比如小斑叶兰（*Goodyera repens*）[1] 和卵叶鸟巢兰（*Neottia ovata*）[2]；还有一些大而艳丽，颜色呈黄色或粉红色，比如杓兰（Cypripedioideae）[3] 和手参（*Gymnadenia conopsea*）[4]。

然而，它们地底下的一辈子的好伙伴，却像戴着戒指的佛罗多一样隐匿不见。它们会长出奇特的子实体（真菌的“花”，也

---

1 小斑叶兰，兰科斑叶兰属植物。

2 卵叶鸟巢兰，兰科鸟巢兰属植物，原名卵叶对叶兰，后归于鸟巢兰属。

3 杓兰，兰科杓兰亚科的统称。

4 手参，兰科手参属植物。

就是我们看到的地上部分，就像鸡油菌一样），需要对土壤进行DNA分析才能套出它们的情况以便列进物种名单。但是它们所缺乏的外在魅力，用适合真正公主的属名来弥补了：*Tulasnella*和*Tomentella*[1]。

在世界各地，兰花都受到了栖息地破坏、气候变化还有我们对美丽不择手段的追求的威胁。专家们评估了世界上大约1000种兰花的灭绝风险，发现有多达57%的兰花最终在全球范围内处于受威胁状态，而且往往是严重的威胁。也许有人会说，那又怎样？2.8万种不同的兰花又有什么意义？反正我们可以用不同的工艺生产香草精，还可以用塑料做出装饰性的植物，我们确实需要这些兰花吗？

另外，寄生虫有什么内在价值呢？它们的数量如此庞大，还会危及人类，使我们生病。

我们是否能够热爱那些让我们觉得恶心，生活方式近乎怪诞不经的物种？譬如缩头鱼虱（*Cymothoa exigua*）[2]，这是一种外观像潮虫[3]的小型海洋甲壳类动物，寄生在小丑鱼（Amphiprioninae）[4]

---

1 *Tulasnella*为胶膜菌属，*Tomentella*为绒毛菌属，此处指这些拉丁属名就像公主的名字一样，例如Cinderella（仙蒂瑞拉，即灰姑娘）。

2 缩头鱼虱，节肢动物门甲壳亚门软甲纲等足目，俗名食舌虫。

3 潮虫，等足目潮虫科（Oniscidae）、鼠妇科（Porcellionidae）、球鼠妇科（Armadillidiidae）的俗称，又称土鳖虫、西瓜虫。

4 小丑鱼，鲈形目雀鲷科海葵鱼亚科鱼类的俗称。

等物种身上（还记得《海底总动员》里拥有橙白色相间条纹的尼莫吗?）

缩头鱼虱的雄性幼虫（实际上缩头鱼虱的所有幼虫都是雄性）通过鱼鳃进入一条新的鱼体内。如果在这条鱼的下颌里还没有一只雌性的食舌虫（即缩头鱼虱），他就会改变性别，长出长长的爪子，从小不点的个头长到……是的，一条鱼舌头的大小。这些长长的爪子会派上用场，因为在它生命周期的下一个阶段，雌性缩头鱼虱就会将她的爪子伸到“尼莫”的舌头里，阻断他的血液供应，从而导致“尼莫”的部分组织死亡，舌头脱落。

但是，嘿，不要绝望！食舌虫为失去的舌头提供了替代品：她自己。她用足紧紧地附着在鱼舌的残端上，变成了这条鱼新的舌头。她就像一个活的假肢，眼睛从鱼的下颌里偷偷向外窥视。她在提醒我们所有人，寄生虫内在价值的问题远远没有那么简单。

我发现讨论自然和物种的内在价值既令人兴奋，又有着严苛的要求。要同意下面这个声明中包含的原则很容易：其他生物有不言而喻的生活权利，没有任何义务去提供价值创造或为人类提供帮助。然而，无论我们如何对待这个问题，都无法摆脱我们是人类的事实，我们所有的知识、所有对是非的判断、所有的道德准则都经由我们的视角过滤，受到人类所能还有所愿感知的限制。

如果我对真菌和兰花之间复杂的相互作用感到深深的敬意甚

至敬畏，如果我愿意声称雨林中有成千上万种完全无用的、我永远不会见到的兰花对我来说很重要，那么，仅仅如此我就能把这种价值与作为一个行为个体、一个接受者的自己割裂开吗？我们能够将自然始终处于中心的生态中心论的观点延伸到多远？认为我们应该能够摆脱进化原则，将其他物种置于我们之前，这种想法是否可能太天真？当危机来临时，难道我们不是总会不可避免地选择我们自己和我们最亲近的人吗？

我还是把这些问题留给自然哲学家吧，或者留到篝火旁再去思考——当我下一次在古老的森林中，倚靠在笛卡尔[1]出生之前就发芽的松树树干上时。

迷失的荒野和新的自然——前进的道路

> 我到林中去，因为我希望谨慎地生活，只面对生活的基本事实，看看我是否学得到生活要教育我的东西，免得到了临死的时候，才发现我根本就没有生活过。我不希望度过非生活的生活，生活是这样的可爱；我却也不愿意去修行过隐逸的生活，除

1 法国哲学家、数学家，1596年出生，是西方现代哲学思想的奠基人之一。

非万不得已。我要生活得深深地把生命的精髓都吸到，要生活得稳稳当当，生活得斯巴达式的，以便根除一切非生活的东西，划出一块刈割的面积来，细细地刈割或修剪，把生活压缩到一个角隅里去，把它缩小到最低的条件中。

——亨利·梭罗（Henry Thoreau），

摘自《瓦尔登湖》（*Walden or Life in the Woods*, 1854）

想象一下你正站在夏威夷瓦胡岛（Oahu）上的热带森林中。环绕着你的一切，葱翠而湿润。你可以看到树干奋力向上伸展，永远为了获取维持生命的阳光而相互竞争。叶子在忙碌地进行光合作用，建立起生物量，将碳储存在茎杆和土壤中。也许你会闻到一股恶臭，那是地面上腐烂的叶子，真菌和昆虫在那里经营着他们的物业公司。一场下午的雨水留下的残余水滴从树冠上滴落，渗入大地，得到净化。你也可以听到鸟儿在树枝间悄悄地移动，吃掉成熟的果实，播撒下种子。你可以真切地看到、闻到和听到围绕在你身边的大自然的产品和服务。

我打赌你也会认为这里充满野性而且美妙。也许你我甚至都没有注意到，但事实是，你周围的森林并不是荒野。你看到的森林仅仅由引进的外来树木和其它植物组成。而你在森林里发现的几乎每一只鸟都是引进的，站在大自然的角度来看，它们不属于夏威夷——是我们人类把所有这些植物和鸟类带到了这座岛上。

对此我们应该怎么想？有些人会说：森林在运行，不是吗？它提供应有尽有的生态系统服务，就像明天不会来临一般。最近才在瓦胡岛的这座森林里相遇的物种之间也产生了复杂的相互作用。对于我们带来的变化，大自然一如既往地通过保持动态、适应和进一步演化来做出响应。在本土和引进之间一定要存在如此巨大的差异吗？我们真的可以说一种森林比另一种森林更好吗——或者它们仅仅是不同而已？

还有些人认为我们必须把焦点放在正在消失的东西上。我们已经失去了太多——数百种本土的物种，大多数是独一无二的、在世界上任何其他地方都找不到的物种，在夏威夷已经灭绝了。我们残酷地修剪了进化之树；消灭了可能会使森林更有适应性、更强健的物种，譬如气候变化就是森林可能面对的挑战之一。那株可能成为新的抗癌药物的植物，或者可能给我们带来新抗生素的昆虫，也许这里就是它曾生活过的地方？这些我们永远也不会知道了。

如果我们希望留住未来所有的机会，我们必须保护生物多样性使生物尽可能兴旺繁衍，保护尽可能多的人类没有怎么接触过的自然，因为正如著名的美国自然作家奥尔多·利奥波德

（Aldo Leopold）[1] 所说，“保存好每一个螺丝钉和轮子，是明智的修理匠应该放在第一位的预防措施。”换句话说，拯救所有的物种吧。

当然，你不会仅在夏威夷发现人类建立的新自然。在没有被冰覆盖的地球表面上，有三分之一被这种全新的生态系统覆盖，它在自然界没有对应的相似物；与此同时，最后残余的荒野——被定义为没有受到人类影响的大片陆地或海洋——正在消失。短短的 16 年间，也就是 1993 年到 2009 年之间，一片面积大过印度（如果你愿意的话，也可以说是阿拉斯加面积的两倍）的荒野消失了。超过总面积 77% 的陆地（不包括南极地区）和 87% 的海洋已被人类活动所改变。有五个国家（澳大利亚、美国、巴西、俄罗斯和加拿大）占了地球上仅存的陆地和海洋荒野地区的 70%。挪威因其海洋荒野地区的面积在这份名单上排名第六。

近年来，在我的专业领域——保护生物学中，生物学家之间的争论愈发激烈，他们对荒野和在人类影响下出现的新生态系统抱有针锋相对的观点。在对立观点形成的轴线上，处在其中一个

1 奥尔多·利奥波德，美国著名生态学家，环境保护的先驱，被誉为“美国新环境理论的创始者”“生态伦理之父”。《沙乡年鉴》是他的自然随笔和哲学论文集，他在书中首次倡导了“土地伦理”的理论，主张以生态学的态度，而非追求经济利益和功利主义的态度，将人类视为土地共同体中平等的一员。引文出自他的另一本文集《环河》，译文出自外语教学与研究出版社2017年出版的译本，王海纳译。

极端的，是所谓的“荒野人士”或“传统保护主义者”，他们捍卫以自然为中心的观点，认为人类只是芸芸物种之一。他们宣称经典的自然保护主义观点起源于19世纪的北美，并受到作家亨利·梭罗等荒野爱好者的拥护。〔在《死亡诗社》(*Dead Poets' Society*, 1989)[1]中，诗社的每次聚会都以梭罗的著作《瓦尔登湖》中的名言开场：“我到林中去，因为我希望谨慎地生活，只面对生活的基本事实。”〕

荒野人士极为重视保护区这项工具。他们的反对者则声称，这些传统的自然保护主义者正在将自然置于人类之上：比如，他们主张将当地人民赶出新建立的保护区，或者建立起人类根本无法进入的绝对保护区。

位于轴线上另一个极端的，我们可以称之为“福利至上人士”(“新保护主义”的支持者)。他们认为荒野是一个天真烂漫的梦想和不合时宜的目标。保护未受破坏的自然是一场我们早已失败的战役，地球上再也没有一块没有受到人类直接或间接影响的地方，这是一个可悲但不可避免的事实。新保护主义的生物学家认为，是时候停止为失去的荒野梦想、灭绝的哺乳动物和消失

1 由彼得·威尔执导，罗宾·威廉姆斯、伊桑·霍克、罗伯特·肖恩·莱纳德领衔主演的电影，讲述了一位反传统教育的老师带领学生冲破桎梏，追寻自由思想的故事。

的大海雀（*Pinguinus impennis*）[1] 而悲伤了。现在，我们必须擦干眼泪，转而专注于拯救幸存者，这样才能确保子孙后代的幸福以及自然产品和服务的合理分配。

根据这些科学家的说法，这意味着为达到这个目标应采取更加务实的保护观，其中对人类及其福利的考虑是排在第一位的。这并不意味着我们不需要自然，因为对自然的需要是毋庸置疑的事实。但这的确表明了一种开放的态度，即物种可以在大陆之间往来迁移，只要是适合于我们的地方，而且这可被看作一种保护物种的成本效益方法。比如让我们从欧洲带来的家猫不要靠近一种不会飞的新西兰鸟类 [2]——如果这是项无休止的、代价高昂的工作的话，不如将这种鸟转移到一座荒无人烟的没有猫的太平洋岛屿上，虽然它从未在那里生存过。如果它对我们没有意义，我们可能就让它消失，因为我们最好将可用的资金花在对我们更有用而不是对大自然更有用的保护方式上。

这些关于保护的相互冲突的观点在我的学术领域引发了激烈的争论。实际上，这也许不是“荒野人士”与“福利至上人士”

---

1 大海雀，因外形与企鹅相近（但亲缘关系不同），故旧称企鸟，有时又被称作北极大企鹅，是一种不会飞的鸟，曾广泛存在于大西洋周边的各个岛屿上，由于人类的大量捕杀在19世纪灭绝。

2 指鹬鸵，泛指无翼鸟科（Apterygidae）的鸟类，俗称几维鸟。这是新西兰的特有鸟类，由于翅膀退化而无法飞行。欧洲殖民者将猫带到了新西兰，逐渐成为“野兽”的猫，威胁到了几维鸟的生存。

两个极端群体之间的问题。大多数的保护生物学家，包括我自己，认为我们必须在天真理想和超级务实之间找到一套现实的折中方案。实践保护生物学就意味着要应对一系列永无止境的困境。

在未来的几十年里，我们将不得不沿着这条轴线做出关键的抉择，因为我们将越来越频繁地面对人类活动和我们对自然全面干预的后果。这就是为什么我认为即便明知没有显而易见的正确答案，我们仍然应该更多地讨论这些问题。讨论本身就很重要，因为它使我们的眼光更加敏锐，让我们对价值的选择更为清醒——我们自身的和其他事物的价值。无论发生什么，我们都不会毫发无损：世界已经被人类不可逆转地改变了，我们必须共同找到前进的道路。

物种名称对照表

中文名	英文名	拉丁名
阿根廷蚁	Argentine ant	*Linepithema humile*
阿拉斯加羽扇豆	Alaskan lupine	*Lupinus nootkatensis*
暗脉菜粉蝶	green-veined white butterfly	*Pieris napi*
巴西栗	Brazil nut	*Bertholletia excelsa*
巴西犬吻蝠	Mexican free-tailed bat	*Tadarida brasiliensis*
白果槲寄生	European mistletoe	*Viscum album*
白虎（白化孟加拉虎）	white tiger	*Panthera tigris tigris* (*white*)
白蚁	termite	Termitoidae epifamily
白足鼠	deer mouse	*Peromyscus* spp.
斑虻	deer fly	*Chrysops* spp.
北极狐	Arctic fox	*Vulpes lagopus*
北美负鼠	Virginia opossum	*Didelphis virginiana*
北美红杉	coast redwood	*Sequoia sempervirens*
北美云杉	Sitka spruce	*Picea sitchensis*
蝙蝠	bat	Chiroptera order

（续表）

中文名	英文名	拉丁名
鞭虫	whipworm	*Trichuris trichiura*
扁桃	almond	*Prunus dulcis*
杓兰	lady’s slipper	Cypripedioideae subfamily
不朽的水母（道恩灯塔水母）	immortal jellyfish	*Turritopsis dohrnii*
步甲	ground beetle	Carabidae family
蝉	cicada	Cicadoidea superfamily
长颈鹿	giraffe	*Giraffa camelopardalis*
长须鲸	fin whale	*Balaenoptera physalus*
潮虫	wood louse	Oniscidae family; Porcellionidae family; Armadillidiidae family
赤狐	red fox	*Vulpes vulpes*
臭椿（天堂树）	tree of heaven	*Ailanthus altissima*
穿山甲	pangolin	*Manis*; *Phataginus*; *Smutsia* spp.
刺魟	stingray	Myliobatoidei suborder
刺猬	hedgehog	Erinaceinae subfamily
翠鸟	kingfisher	Alcedinidae family

（续表）

中文名	英文名	拉丁名
大豆	soya	*Glycine max*
大海雀	great auk	*Pinguinus impennis*
大角鹿	Irish deer	*Megaloceros giganteus*
淡水珍珠贻贝	freshwater pearl mussel	*Margaritifera margaritifera*
靛蓝植物	indigo plant	*Indigofera* spp.; *Strobilanthes cusia*; *Persicaria tinctoria*; *Isatis tinctoria*; etc.
貂熊	wolverine	*Gulo gulo*
丁香	clove	*Syzygium aromaticum*
短叶红豆杉	Pacific yew	*Taxus brevifolia*
多色大戟	cushion spurge	*Euphorbia epithymoides*
鳄梨	avocado	*Persea americana*
二球悬铃木	London plane	*Platanus* × *acerifolia*
发光虫	glow-worm	Lampyridae family
番茄	tomato	*Solanum lycopersicum*
非洲草原象	African savannah elephant	*Loxodonta africana*
浮生范氏藓	floating hook-moss	*Warnstorfia fluitans*

（续表）

中文名	英文名	拉丁名
覆盆子	raspberry	*Rubus idaeus*
覆葬甲	sexton beetle	*Nicrophorus* spp.
鸽子	pigeon	Columbidae family
狗	dog	*Canis familiaris*
古菱齿象	Straight-tusked elephant	*Palaeoloxodon* spp.
谷叶甲虫	cereal leaf beetle	*Oulema melanopus*
鲑鱼（大西洋鲑）	Atlantic salmon	*Salmo salar*
鲑鱼（太平洋鲑）	Pacific salmon	*Oncorhynchus* spp.
鬼鸮	boreal owl	*Aegolius funereus*
果蝇	fruit fly	Drosophilidae family
海葵	sea anemone	Actiniaria order
海狸	beaver	*Castor* spp.
海月水母	moon jellyfish	*Aurelia aurita*
含羞草	mimosa	*Mimosa* spp.
汉麻	hemp	*Cannabis sativa*
蒿属植物	mugwort	*Artemisia* spp.
红车轴草	red clover	*Trifolium pratense*

（续表）

中文名	英文名	拉丁名
红豆杉	yew	*Taxus* spp.
红腹滨鹬	red knot	*Calidris canutus*
红腹灰雀	bullfinch	*Pyrrhula pyrrhula*
红树植物	mangrove	Rhizophoraceae; Acanthaceae; Combretaceae; Arecaceae; etc.
红缘拟层孔菌	red-belted conk	*Fomitopsis pinicola*
鲎	horseshoe crab	*Limulus*
狐蝠	fruit bat	Pteropodidae family
虎杖	Japanese knotweed	*Reynoutria japonica*
桦拟层孔菌	birch polypore fungus	*Fomitopsis betulina*
黄喉姬鼠	yellow-necked mouse	*Apodemus flavicollis*
黄花蒿	sweet wormwood	*Artemisia annua*
鸡	chicken	*Gallus gallus domesticus*
鸡油菌	chanterelle	*Cantharellus* spp.
吉拉毒蜥	Gila monster	*Heloderma suspectum*
加拿大黑雁	Canada goose	*Branta canadensis*
家蝇	house fly	*Musca domestica*

（续表）

中文名	英文名	拉丁名
剑齿虎	sabre-toothed tiger	*Smilodon* spp.
剑鱼	swordfish	*Xiphias gladius*
金雕	golden eagle	*Aquila chrysaetos*
锦葵	mallow	Malvaceae family
巨鲎	Coastal horseshoe crab	*Tachypleus gigas*
巨杉	giant sequoia	*Sequoiadendron giganteum*
巨型树懒	giant sloth	*Megatherium americanum*
可可	cacao	*Theobroma cacao*
苦艾（中亚苦蒿）	common wormwood	*Artemisia Absinthium*
苦木	bitterwood (species)	*Quassia amara*
苦木科	bitterwood (family)	Simaroubaceae family
款冬	coltsfoot	*Tussilago farfara*
兰花	orchid	Orchidaceae family
兰花蜂	orchid bee	Euglossini tribe
蓝鲸	blue whale	*Balaenoptera musculus*
狼	wolf	*Canis lupus*
狼蜂	beewolf	*Philanthus* spp.

（续表）

中文名	英文名	拉丁名
莨菪	henbane	*Hyoscyamus niger*
丽蝇	blow fly	Calliphoridae family
栎树	oak	*Quercus* spp.
莲	sacred lotus	*Nelumbo nucifera*
磷虾	krill	Euphausiacea order
柳树	willow	*Salix* spp.
柳叶菜科	evening primrose family	Onagraceae family
鲈鱼	perch	*Perca* spp.
卵叶鸟巢兰	eggleaf twayblade	*Neottia ovata*
落叶松	larch	*Larix* spp.
旅鸽	passenger pigeon	*Ectopistes migratorius*
麻雀	sparrow	*Passer* spp.
麻蝇	flesh fly	Sarcophagidae family
马鹿	red deer	*Cervus elaphus*
曼德拉草	mandrake	*Bryonia alba*; *Mandrogora* spp.
猫头鹰	owl	Strigiformes order

（续表）

中文名	英文名	拉丁名
毛地黄	foxglove	*Digitalis* spp.
毛毛虫	caterpillar	Lepidoptera order
煤绒菌	dog’s vomit slime mould	*Fuligo septica*
美味齿菌	hedgehog mushroom	*Hydnum repandum*
美味牛肝菌	porcini	*Boletus edulis*
美洲鲎	Atlantic horseshoe crab	*Limulus polyphemus*
美洲拟狮	American cave lion	*Panthera leo atrox*
猛犸象	mammoth	*Mammuthus* spp.
蜜蜂	honeybee	*Apis* spp.
蜜环菌	honey fungus	*Armillaria* spp.
绵羊	sheep	*Ovis aries*
绵枣儿	squill	*Scilla* spp.
棉花	cotton plant	*Gossypium* spp.
抹香鲸	sperm whale	*Physeter macrocephalus*
墨西哥毒蜥	Mexican beaded lizard	*Heloderma horridum*
没药	myrrh	*Commiphora* spp.
木兰/玉兰	magnolia	*Magnolia* spp.

（续表）

中文名	英文名	拉丁名
木蹄层孔菌	tinder fungus	*Fomes fomentarius*
拟南芥	thale cress	*Arabidopsis thaliana*
拟熊蜂	cuckoo bumblebee	*Psithyrus*
酿酒酵母	brewer’s yeast	*Saccharomyces cerevisiae*
牛	cow	*Bos taurus*
扭叶松	lodgepole pine (twisted pine)	*Pinus contorta*
疟蚊	malaria mosquito	*Anopheles* spp.
挪威海螯虾	scampi	*Nephrops norvegicus*
挪威虎耳草	purple saxifrage	*Saxifraga oppositifolia*
挪威云杉（欧洲云杉）	Norway spruce	*Picea abies*
欧滨麦	lyme grass	*Leymus arenarius*
欧金鸻	golden plover	*Pluvialis apricaria*
欧洲红豆杉	European yew	*Taxus baccata*
欧洲胡蜂（黄边胡蜂）	European hornet	*Vespa crabro*
欧洲水青冈木	European beech	*Fagus sylvatica*
披毛犀	woolly rhinocero	*Coelodonta antiquitatis*
蜱	tick	Ixodida suborder

（续表）

中文名	英文名	拉丁名
苹果	apple	*Malus domestica*
葡萄	grape	*Vitis* spp.
蒲公英	dandelion	*Taraxacum* spp.
普通雨燕	common swift	*Apus apus*
企鹅	penguin	*Aptenodytes*; *Eudyptes*; *Eudyptula*; *Megadyptes*; *Pygoscelis*; *Spheniscus* spp.
锹甲	stag beetle	Lucanidae family
青霉菌	penicillium	*Penicillium* spp.
蚯蚓	earthworm	Opisthopora order
曲芒发草	wavy hair grass	*Deschampsia flexuosa*
鼩鼱	shrew	Soricidae family
雀麦	bromegrass	*Bromus japonicus*
榕小蜂	fig wasp	Agaonidae family
乳齿象	mastodon	*Mammut* spp.
乳酪金钱菌	butter cap mushroom	*Rhodocollybia butyracea*
鲨鱼	shark	Selachimorpha superorder
山羊	goat	*Capra hircus*

（续表）

中文名	英文名	拉丁名
珊瑚	coral	Anthozoa class
闪蝶	Morpho butterfly	*Morpho* spp.
食骨蠕虫	bone worm (zombie worm)	*Osedax*
食蚜蝇	flower fly/ hoverfly	Syrphidae family
手参	chalk fragrant	*Gymnadenia conopsea*
树皮小蠹	bark beetle	Scolytinae subfamily
水稻	rice	*Oryza glaberrima*; *Oryza sativa*
水蛭	leech	Hirudinea subclass
睡莲	water lily	Nymphaeaceae family
松树	pine	*Pinus* spp.
缩头鱼虱	tongue-eating louse	*Cymothoa exigua*
嚏根草	hellebore	*Helleborus* spp.
天牛	longhorn beetle	Cerambycidae family
跳蚤	flea	Siphonaptera order
菟丝子	dodder	*Cuscuta* spp.
胃育蛙	gastric-brooding frog	*Rheobatrachus* spp.

（续表）

中文名	英文名	拉丁名
乌鸦	raven	*Corvus* spp.
无花果树	fig tree	*Ficus* spp.
西班牙蛞蝓	Spanish slug	*Arion vulgaris*
西方拟驼	‘yesterday’s’ camel	*Camelops hesternus*
犀牛	rhinoceros	*Ceratotherium*; *Dicerorhinus*; *Diceros*; *Rhinoceros* spp.
香荚兰	vanilla	*Vanilla planifolia*
小斑叶兰	dwarf rattlesnake plantain	*Goodyera repens*
小丑鱼	clownfish	Amphiprioninae subfamily
小粒咖啡	Arabica coffee	*Coffea arabica*
小麦	wheat	*Tritium aestivum*
小鳁鲸	minke whale	*Balaenoptera acutorostrata*
信天翁	albatross	Diomedeidae family
鳕鱼	cod	*Gadus* spp.
驯鹿	reindeer	*Rangifer tarandus*
蚜虫	aphid	Aphidoidea superfamily

（续表）

中文名	英文名	拉丁名
亚麻	flax	*Linum usitatissimum*
烟囱雨燕	chimney swift	*Chaetura pelagica*
岩高兰	crowberry	*Empetrum nigrum*
羊胡子草	cotton grass	*Eriophorum* spp.
杨树	aspen, poplar	*Populus* spp.
野草莓	wild strawberry	*Fragaria vesca*
野猪	wild boar	*Sus scrofa*
叶甲	leaf beetle	Chrysomelidae
隐士臭斑金龟	hermit beetle	*Osmoderma eremita*
罂粟	poppy	*Papaver* spp.
萤火虫	firefly	Lampyridae family
羽扇豆	lupine	*Lupinus* spp.
羽衣草	lady’s mantle	*Alchemilla* spp.
玉米	corn	*Zea mays*
圆尾蝎鲎	round-tailed horseshoe crab	*Carcinoscorpius rotundicauda*
越橘	lingonberry	*Vaccinium vitis-idaea*

（续表）

中文名	英文名	拉丁名
泽龟	pond turtle	Emydidae family
章鱼	octopus	Octopoda order
蟑螂	cockroach	Blattodea order
沼桦	dwarf birch	*Betula nana*
植菌蚂蚁	fungus-farming ant	*Trachymyrmex turrifex*
纸巢胡蜂	paper wasp	Polistinae subfamily
中华鲎	Chinese horseshoe crab	*Tachypleus tridentatus*
帚石南	heather	*Calluna vulgaris*
猪	pig	*Sus* spp.
竹子	bamboo	Bambusoideae subfamily
啄木鸟	woodpecker	Picidae family
座头鲸	humpback whale	*Megaptera novaeangliae*

后 记

另一个世界不仅是可能，她正在来临。

在宁静的日子里，我能听见她的呼吸。

——阿兰达蒂·洛伊（Arundhati Roy）[1]

在亚利桑那州的索诺拉沙漠（顺便提一下，这里是我们的超级英雄吉拉毒蜥的故乡），有一系列奇特的建筑。玻璃和钢制的圆顶和拱顶形状大小不一，让人想起《星球大战》里的英雄天行者卢克在虚构的塔图因星球上的童年故居——还加上了现代植物园的温室。这种双向关联并没有完全偏离既定目标，因为这是生物圈 2 号，它是为植物、动物和人类建造的完整微型世界，用来

1　阿兰达蒂·洛伊是印度女作家、社会活动家，凭借具有自传色彩的长篇小说《微物之神》获得全美国图书奖、英国文学大奖“布克奖”。

测试我们是否可以复制一个适合居住的封闭生态系统。弄清我们是否可以在太空里的其他地方建立起自己的生存空间也是建造这个系统的目标之一。

简单来说，它运行得不怎么好。1991 年，在四男四女被关进这个为期两年，以生态为主题的“老大哥”[1]实验中之后，问题很快开始出现：大多数的脊椎动物和几乎所有传粉昆虫很快就死亡了，一种没有被邀请而是偷渡进来的蚂蚁很快就和蟑螂一起占据了爬虫们的船员名单；旋花类植物[2]疯长，挡住了包括粮食作物在内的其他植物应享受沐浴的阳光；八位生物圈人经常挨饿，有时候得吃掉他们带来的种子，这些种子本是用来进行栽培的——这违反了初衷；氧气曾下降到极为危险的低水平，以至于研究负责人不得不两次打破密封泵入新鲜的氧气。

这个实验为什么会被称为生物圈 2 号？因为生物圈 1 号是我们的家园——地球。这是生命系统实际运行的地方，自然界中大量不可思议的、不可见的物种在缓慢、动态的相互作用中交织在一起，这就是它们为满足人类生活所需提供自然商品和服务

1　社会实验类真人秀节目，一群陌生人以室友身份住进一间布满摄像机及麦克风的屋子，一举一动都被记录下来剪辑后在电视上播出。节目名称取自乔治·奥威尔的小说《1984》，因节目组和观众可以通过摄影机监视房客的一举一动，犹如书中的老大哥（Big Brother）而得名。

2　旋花科植物，如田旋花（*Convolvulus arvensis*），具缠绕茎，是一种恶性的田间杂草。

的方式。地球上的生命不仅像生物圈 2 号中的 8 个人那样，苟延残喘地活上两年，而是要延续数千甚至数十万年，直到世界上大多数人获得了美好生活的当下。生物圈实验阐释了科学所表明的内容：完整的、物种丰富的生态系统比贫瘠的、物种贫乏的系统更强健，更擅长提供商品和服务。

这个世界已经进步了很多：世界上大多数人口现在生活在中产阶级社会，生活在极端贫困中的人口比例从 1990 年的超过三分之一下降到今天的十分之一以下。婴儿死亡率大幅下降，死于疟疾的人数在短短 15 年里减少了一半，预期寿命从 1900 年以来增加了一倍多，现在已经超过了 70 岁。如果这本书出版于 1800 年前后，地球上十个人里有九个连书里一个字都读不懂。而如今，情况正好相反：十个人里有九个人都会阅读。

但是人类庞大的数量及其生活方式使自然遭到了极大破坏：从我出生的 1966 年到今天，这个星球上的人口数量翻了一倍，而我们对自然资源的消耗从 1980 年以来就翻了一倍。在有助于拯救人类生命的几百万物种中，有八分之一面临灭绝的威胁。而所有这一切对我们都会带来影响；地球表面的土壤几乎有四分之一已经退化，比以前生产的产品减少了，而且由于自然界的这种退化，世界上商品和服务的年度总生产量每年损失了 10%。

我们可能会对此有异议，并不赞同这些描绘中的许多细节，包括预测这些数字的最佳方式，或者实现合意的改变的最有效的政策措施。但是基本的逻辑决定了，在一个资源有限的星球上，资源消耗的不断增加和产量的永恒增长是不可能的。IPBES尽可能清晰地说明了这一点：我们必须开展变革性的社会改革，必须有所创新而且以与众不同的方式进行思考。

我们可以做到，我们也必须做到。COVID-19危机向我们表明，在意识到许多事情处于危急关头时，我们有能力采取重大的举措，而且迅速做出反应。国家之间可以合作，对经济的管理可以改变，科学家们可以实时共享数据，世界各地的人们可以配合起来，改变他们的日常生活——正如我们所知道的，也正如我们希望保留的那样，一旦意识到这就是拯救世界所需要采取的行动，我们就必须改变我们在日常生活中的行为，更不用说在投票时将环境问题也考虑在内。

另外提供一些观点：世界经济论坛（World Economic Forum）每年会发布一份年度报告，详细列出在未来十年里将会对人类造成影响最严重的威胁。在2020年的报告中，有史以来第一次，名单中排在最前面的五个问题都是环境相关的威胁：极端天气，气候变化减缓和适应的失败，人工环境的破坏和灾害，生物多样性丧失和生态系统崩溃以及自然灾害。我们可以限制这些威胁的机会之窗仍然敞开着，但它正在逐渐关闭之中。

然而我还怀抱希望相信着。不是出于“如果我们闭上眼，一切可能就会过去”这样天真的希望；而是出于另一种希望，出于对生命的尊重和对我们不想失去的一切的热爱而采取行动。

这本书原来的挪威语标题是*På naturens skuldre*，意思是“站在大自然的肩膀上”，说明了我很想传达的几点：大自然是我们的支持者，是我们福祉的全部基础——这是个显而易见却被忽视的事实。没有大自然来支撑我们，我们的文明就会衰落。

这幅图像还展示出了一些关于比例关系和互惠性的问题。其他物种和个体的总和比我们人类群体要大得太多太多。想想在你小的时候坐在宽大的肩膀上感觉是多么美妙——曾教给我欧金鸻和款冬发音的祖父就是这样把我举到他的肩上的，如果远足对孩子的小短腿来说太累了的话；但是你不能把背负着你的人的脖子搂得太紧，这样他们就无法呼吸了。如果你时不时地需要抓住他们的头发来保持平衡——好吧，那也要轻轻地拽，不要用力。

就这样坐着，我们看到了多么美妙的景色。让我们利用我们作为智人、聪明的人类的地位，坐在大自然的肩膀上，望向前方等待着我们的未来，那是我们的子孙后代将要生活的未来，我们今天采取的行动为其奠定了基础的未来。

致 谢

感谢我的挪威编辑 Solveig Øye 和 Kagge Forlag 出版社的其他所有支持人员，感谢我的女儿 Tuva Sverdrup-Thygeson 对前期文稿提出的反馈，感谢 Stilton Literary Agency 的联合编辑兼国外代理人 Hans Petter Bakketeig 在编写本书时作出的讨论和重要意见。此外，我衷心感谢一直鼓励我的编辑 Harper Collins、英国的 Lydia Good 和 Joel Simons，以及我出色的英语翻译 Lucy Moffatt——以及其他翻译和出版商，是他们让我的作品在世界各地都能得以阅读。

图书在版编目（CIP）数据

神奇生物的力量：大自然如何悄悄爱人类 /（挪）安妮·斯韦德鲁普-蒂格松著；陈雅涵译. —上海：文汇出版社，2022. 8

ISBN 978-7-5496-3811-6

Ⅰ. ①神… Ⅱ. ①安… ②陈… Ⅲ. ①自然科学－普及读物 Ⅳ. ①N49

中国版本图书馆 CIP 数据核字（2022）第 116945 号

神奇生物的力量：大自然如何悄悄爱人类

作　　者 / [挪] 安妮·斯韦德鲁普-蒂格松
译　　者 / 陈雅涵
责任编辑 / 戴　铮
封面设计 / MAKIII
版式设计 / 汤惟惟
出版发行 / 文匯出版社
上海市威海路 755 号
（邮政编码：200041）
印刷装订 / 上海普顺印刷包装有限公司
版　　次 / 2022 年 8 月第 1 版
印　　次 / 2022 年 8 月第 1 次印刷
开　　本 / 889 毫米×1194 毫米　1/32
字　　数 / 193 千字
印　　张 / 10.25
书　　号 / ISBN 978-7-5496-3811-6
定　　价 / 78.00 元